A Field Guide To Aquatic & Wetland Plants of

台灣水生與濕地植物生態大圖鑑（上）

A Field Guide To Aquatic & Wetland Plants of Taiwan(Vol.1)

水生蕨類與雙子葉植物

林春吉◎著

台灣水生與濕地植物生態大圖鑑（上）

A Field Guide To Aquatic & Wetland Plants of Taiwan(Vol.I)

水生蕨類與雙子葉植物

水生蕨類植物圖鑑

水生雙子葉植物圖鑑

【作者的話】 伴我一生的良友

對一般人來說，水生植物不過是澤地裡的一堆雜草，然而對我而言，它們不僅是美麗的觀賞植物，更是伴我一生的良友。

栽培花卉是我從小的興趣，猶記得小學時經常忍著吃零食的慾望，把每日兩三元的零用錢存起來，到了一定數目，趁著假日騎乘腳踏車，到市場買株玫瑰或太陽菊回家種植。現在回想起來，當時的舉動有些傻，卻也奠定了往後對植物栽培與野外探詢的紮實基礎。

植物家族的種類繁多，形態各異，每位愛好者都可以針對自己喜愛的對象加以培育或研究。水生植物對我而言，充滿了魔幻般的吸引力，不過在1988年以前，它們只不過是我養殖熱帶魚的陪襯物而已，後來才漸漸了解這群植物的迷人之處，演變至今早已成為我畢生的最愛。

早期認識的水生植物，多以水族流行的外來觀賞種為主，久而久之才查覺到，在這些漂亮的水草群裡，也包含許多台灣的原生物種，例如三角葉（擬紫蘇草）、一點紅（盤腺蓼）、小圓葉（圓葉節節菜）、小穀精（白藥穀精草）及寶塔草（無柄花石龍尾）等，進而著手找尋它們的野生族群，旋即陷入一場永無終止的水草追逐夢！

資料取得十分困難

剛開始接觸原生水草時，所有的物種都充滿了新鮮感，能夠叫得出名字的成員卻十分有限，它們的身份如何釐清，成為棘手問題。當時坊間書局能夠找到的植物圖鑑稀少，而且幾乎全為樹木或野花叢書。唯一可靠的資料『台灣植物誌』卻是英文版，國家編制這套書籍的意義，好像只是針對外國人的需求。

不過還是由文獻中得知多數物種的採集地點與全台灣的分佈狀況。可喜的是，到

了1990年以後綠生活及水族生活雜誌，開始有一些原生水草的報導文章，多由顏聖紘先生撰寫，他可說是台灣第一位將原生水草資訊普及化的功臣。幾年下來認識的同好日漸擴張，也得到更多的資訊。

發現稀有水生植物之旅

在1992年以前，找尋水生植物的範圍，集中在家鄉的宜蘭縣境內，尤其雙連埤的分佈物種之多，簡直可說是「水草天堂」，像黃花狸藻、蓴菜、水虎尾、野菱、卵葉水丁香、絲葉石龍尾、連萼穀精草、克拉莎、寬柱扁莎、田蔥、水社柳、假莩薺、馬來刺子莞及繖房刺子莞等稀有植物，輕而易舉便能找到它們。分佈其他縣市的珍貴成員，只有看過夢幻湖中的台灣水韭、七星山穀精草、小荇菜及蘭嶼島上的蘭嶼小荇菜。

1993年春季，第二次拜訪宜蘭南澳神秘湖時，才真正了解湖中精彩的植被生態，如微齒眼子菜、尖葉眼子菜、東亞黑三稜、金魚藻、小葉四葉葎、南方狸藻與小茨藻等群落。不過當時卻把尖葉眼子菜當成是綠色型的微齒眼子菜，南方狸藻則鑑定成野狸藻，直到2000年才更正錯誤。同年秋季，因為電視台的邀約，於桃園楊梅接觸了台灣萍蓬草、水杉菜、烏蘇里聚藻、針葉燈心草、桃園石龍尾及大葉穀精草的產地。

隔年，也就是1994年夏季，前往宜蘭草埤，如願找到了圓葉澤瀉及宜蘭蓼的倩影，同時也認識了分株假紫萁及小花蓼。到

『台灣植物誌』與『中國植物誌』記載了多數原生水草的分佈地點。

上圖：這些早期發行的日本、澳洲及歐美水生植物圖鑑，讓我真正了解水生植物分類的大致狀況。
左圖：這些種植在水族箱中的美麗水草，是誘導我進入台灣水生植物探詢的推手。

了秋天，於南投蓮花池濕地，攝得南投穀精草、香蓼與細葉雀翹的影像。接著又在屏東的南仁湖山區與恆春半島，見到了南仁節節菜、恆春水蓑衣、紫蘇草、聚花草、菲律賓穀精草與絨毛蓼。

1995年的苗栗之行，在銅鑼鄉的水田環境見到大量的瓜皮草、直立半邊蓮、墨西哥節節菜、五蕊節節菜及擬長箭葉蓼。夏季的一趟新竹鴛鴦湖之行，觀察了四角藺、單穗苔、箭葉蓼及軟稈燈心草等溫帶植物的生態魅力。

發現龐大的水車前族群是1996年的夏天在台北三芝的水田環境。也於宜蘭頭城沿海沼澤裡，見到了宜蘭水蓑衣的風采。秋季先行記錄了桃園龍潭沼池的龍潭荇菜身影，又在台中清水沿海水潭邊找到大安水蓑衣的族群。接著繼續旅行前往嘉義白水湖，找尋海生植物，如卵葉鹽藻、貝克鹽藻與流蘇菜的芳蹤。冬季則在恆春半島，如願見到泰來藻、線葉二藥藻與單脈二藥藻等等珊瑚礁植物的群落。也在佳樂水的沿海濕坡地上，目擊到為數可觀的鹵蕨族群。

人的一生總有理想要去實現，若能達成便不枉此生，這樣的念頭一直盤旋在腦海裡，到了1997年決定放下手邊工作，全心致力於台灣水生植物的探詢，這一找就是三年的時間。

當時我開著一部小型的箱型車，看著『台灣植物誌』的採集地點，逐一找尋那些充滿謎團的物種。一趟出門就是十幾二十天，車子就是我的家，盥洗就找無人的野溪解決，過程雖然辛苦卻很快樂。

1997年可說是我尋獲稀有水生植物的精華年代。這一年我在新竹北埔發現了柳葉水蓑衣的北埔型及恆春半島南仁湖區的新物種「南仁水蓑衣」。夏季認識了日本友人須田真一，由他贈與豐富的彩色日本植物圖鑑，才真正快速明瞭水生植物的分類方向。隨後於台北三芝巧遇窄葉澤瀉的稀世身影，事隔一個月後又在台北貢寮鄉境內，目擊到槐葉蘋的龐大族群。

同年由林再田先生的帶領，得以拍攝東部地區的稀有植物，包括花東水蓑衣、紫果藺、短穗蠶繭草與光葉水柳，也在家鄉的冬山鄉地區，親臨「品萍」這種夢幻植物的僅知生育地。

讓人記憶深刻的是，秋季一日的夜晚，抵達蓮花寺濕地上端的丘陵地後，便將車門打開，撐起蚊帳就寢，準備隔日一早探詢食蟲植物。凌晨居然有人拉扯我的後腳，驚醒過來的剎那間，心想完蛋了，可能有人要搶劫，沒想到卻是幾位全副武裝的警察。身分證、駕照一一查證，我說明找尋水生植物的原委，對方還是無法理解。他們一直問我到底跟兇嫌有什麼關係，車上為何有圓鍬之類的工具，我聽的是一頭霧水！

片刻之後我才終於明瞭，原來我的名字與某兇嫌僅相差一字，而且他們可能就藏匿在附近的山區裡，我的行蹤又十分可疑，在一切查證都在合情合理的情況下，才驅趕我離開。

隔天一早我又回到現場，蓮花寺濕地裡的植物，簡直讓人迷醉，像長葉茅膏菜、寬葉毛氈苔、長距挖耳草、光巾草、蔥草、矮水竹葉、水莎草、點頭飄拂草、雙穗飄拂草及毛三稜等，都是我初次接觸的珍稀物種，那種振奮人心的感覺，一掃昨日的驚魂。

1998年春季在李松柏老師的帶領下，前往台中清水的水田環境與大甲溪口，完成台灣水蕹及甘藻的拍攝工作。隨後在桃園龍潭找到小蒼茨藻的身影及楊梅的柳葉水蓑衣族群。繼而又認識了莊宗益老師，見到了高雄彌陀沿海的布朗氏茨藻與花蓮壽豐的芡實族群。

5月時由邱錦和先生處得知宜蘭崙埤池與中嶺池分佈許多不知名水生植物，便與南投特有生物中心的黃朝慶先生同行，前往鑑定物種，意外見到蓴菜族群，並發現擬針藺這種新紀錄植物。隨即的松羅湖之行，又發現大量的貝殼葉荸薺、狼把草與七星山穀精草的新產地。同時在坐埤沼澤區裡，記錄到少量的南仁節節菜及白穗刺子莞族群。

梅雨季節過後不久，查閱到金門地區分佈不少的濕地植物，便啓程前往探勘，一下子就找到了硬葉蔥草、紫花蝴蝶草、金門母草、金門水莎草及姬穗飄拂草等新物種。後來在高雄美濃見到異葉石龍尾與龍骨瓣莕菜的族群時，已是1998年的秋季，同時也在台南林鳳營的睡蓮田裡，巧遇小水莞的身影。

冬天的一日，就讀於屏東科技大學的古訓銘同學帶領我在屏東佳平溪上游尋覓，拍攝了探芹草、屏東石龍尾、冠瓣莕菜與類雀稗等熱帶物種，同時他也提供了豐富知識與文獻。而中興大學的謝東佑同學，更幫忙翻譯許多植物文獻，也在一次的恆春半島之行，共同發現了墾丁水薄荷的蹤影。

現今台灣的田野裡，想要看到這麼龐大的水車前群花綻放景致，應該難以實現才對，然而2008年夏季的三芝之行卻幸運巧遇。

人生的轉折

到了1999年，幾乎大多數台灣的水生植物物種都已找到，先前只要是稀有植物，便會取得種源，種植在家園旁的空地與花圃間，後來根本容納不下衆多容器的擺設，便與家人商量，將植物全數移植到祖產的田地上。當時村落的人都一致認為我的腦筋有問題，田地不種植稻米，反而帶回一車車的野草，對我的異常行為大家都在竊竊私語。

沒有工作就沒有收入，幾年的水生植物探詢下來，積蓄全數耗盡，唯一不足萬元的固定收入，便是替雜誌社撰寫原生水草的專欄報導。後來也賣掉一組心愛相機，以換取底片繼續拍攝水生植物。也因為文章散見於報章雜誌，竟然有出版社邀約出版水生植物圖鑑。

因為出版社的邀稿，讓我在1999年的大半時間都投入於新書的撰寫上，同時也在台北汐止地區路旁的水池邊見到柳葉水蓑衣的「線葉型」族群，也於新竹關西的水田環境，目擊到龐大冠果草的茂盛族群。到了2000年新世紀的來臨，新書順利出版，隨後書籍之暢銷及衆人對台灣水生植物的狂熱跟進，更是出乎意料之外。

繼續前進

往後所得日漸優渥，還有40種在台灣滅絶多時的水生植物一定要想辦法看到，所幸它們皆非台灣特有種，在中國、日本及東南亞國家亦有分佈，便開始收集海外文獻，一有機會就出國找尋這些物種。

2000年春季在東馬婆羅洲山區，看見了華湖瓜草及大麃草族群，普遍生長在稻田邊的沼澤裡。接著於蘭陽家鄉的小埤，找到新紀錄植物「毬果苔」，也於雙連埤確定了小果菱的存在。5月受邀於龜山島的生態考察，在龜尾潭畔見到消失許久的大茨藻族群。6月前往嘉義彌陀濕地，又記錄到泰山穀精草、湖瓜草、皺果珍珠茅、裂穎茅、胡麻草及刺齒泥花草的稀世身影。8月在台北内湖巧遇大偽針茅與膜稃草伴生的景緻。秋季則於高雄澄清湖邊緣的濕地上，找到十餘株假絨毛蓼。同時也在南投蓮華池，尋獲小莞草這個新物種。

2001年春天的泰國之行，拍攝到野生稻、四稜飄拂草、尖穗飄拂草的生態魅力，也找到瓦氏節節菜真正的族群，並於馬來西亞中部見到石龍芻倩影。夏季一趟的中國雲南探訪，察看了莕菜、印度莕菜、水鱉、五角金魚藻、尖果母草及多花水莧菜的生活狀況。回國後與林志浩老師前往台北新店探查地筍的下落，隨即在台中清水見到了澤芹的蹤影。

2002到2003年間，因為水生植物的緣故，認識了新竹北埔綠世界生態農場的負責人，那兩年幾乎將多數時間投入在園區的規劃上。2004春天開始設計打造屬於自己的農莊，繼續為水生植物奮鬥。之後於家鄉發現了土薄荷、匍匐莞草與蒲的野生族群，並於印尼的蘇拉維西島，觀看紫蘇草的原始模樣，與台灣產的紫蘇草差異頗大。

2005年的金門之行，又在後壠及田埔濕地找到針葉飄拂草、圓葉齒果草、異花草與狹葉花柱草的混生族群。也在台南尖山埤一帶的池塘巡禮，發現了大量的膜稃草伴生在絨毛蓼族群間，並在宜蘭產水柳族群裡，發現一種枝條帶有托葉的新物種「托葉水柳」的存在。

2006年為了解決菱科植物之謎，前往湖北省尋找十餘種成員的身影，受到東方高爾夫球場集團潘方仁先生的諸多幫忙，才得以順利尋獲它們。不過，菱科植物的分類問題不但無法解決，反而衍生更多疑惑，同時也目擊到櫻蓼及菖蒲的野生風采。

2007年10月再次前往金門島探勘金門水韭、桐花樹與老鼠簕的生育情況，大多要歸功於發現者陳西村大哥的陪同，才能快速了解它們的生態。月底與友人周英勇及張庭豐，於桃園龍潭沼池發現「三葉石龍尾」這個全球新物種。11月在恆春半島沿海的草原沼池裡，見到大量的銳稜荸薺與少數的三穗飄拂草族群。並得到後壁湖潛水教練鄭毓毅先生的幫助，才有緣一睹深海中的毛葉鹽藻風采。12月如願於中國海南見到角果木的倩影。

2008年的5至6月之間兩度前往金門島，確定疏穗飄拂草與矮形光巾草的存在。6月中旬進入南投合歡山區，拍攝三花燈心草與掌葉毛茛之生態。月底發現桃園楊梅的富崗濕地，面積比蓮花寺濕地還大，生育其間的寬葉毛氈苔、長葉茅膏菜、小毛氈苔與其他狸藻科植物族群數量之龐大，令人難以置信，也是線葉蟛蜞菊僅知的產地。

7月上旬海南友人王裕旭先生來電告知尋獲茅膏菜，幾日後啓程拍攝，當地的茅膏菜居然生育在五指山的稜線濕壁上。我們攀爬了5個小時才抵達現場，沿途吸血螞蝗不斷入侵，導致失血不少，雖然疼痛難忍，為了一睹茅膏菜倩影，還是值得前進。誇張的是，先前友人對於茅膏菜完全陌生，只是聽我口述便巧遇其身影，真是令人驚喜。不僅如此，隨後友人更尋獲新種「海南萍蓬草」，這種全球已知唯一分佈於熱帶的萍蓬草屬植物，推翻了許多植物起源的理論，影響力之深遠，一時還難以評估。

回國後拜託日本友人須田真一，找尋子午蓮、紫花澤番椒、茅膏菜、濕地挖耳草、日本菱、日本浮菱、長戟葉蓼、櫻蓼、地筍、印度莕菜、彎果茨藻、角果藻、冠果眼子菜及海濱莎草等台灣滅絕物種的確切地點。隨即於家園旁的水田裡，發現太平洋莎草這種新紀錄植物。9月初與友人許美玲小姐一同踏入成田機場，幾日來友人須田真一、池田和隆、山崎誠與桶田太一不辭辛勞的帶領，列舉的物種幾乎全數拍攝成功，留下難以忘懷的探詢之旅。

大夥看到茅膏菜之後，在五指山頂拍照留念，前方穿著藍色雨衣為王裕旭先生，雙手握旗者為筆者。

日本之行特別感謝友人須田真一與後方的山崎誠，讓我順利拍攝了許多台灣早已滅絕的濕地植物。

最後看了台灣水生植物的名單，還欠缺幾種，決定10月再次前進斯里蘭卡找尋藍睡蓮、印度莕菜、龍骨瓣莕菜、黃花莕菜、水禾、華刺子莞與纖形飄拂草的倩影。不過真的很困難，參考『錫蘭植物誌』的採集地點找尋，即使流乾了汗水與耗盡旅費，還是無法如願見到黃花莕菜與纖形飄拂草。還好地陪Shantha Perera的領路，至少不必擔心迷路問題，其他物種還是成功拍攝完成。隔月又繼續前往海南島拍攝水社野牡丹及探詢小田島氏穀精草的身世之謎。

致謝

如此密集尋找台灣的水生植物，除了本身的興趣外，2006年夏季得到天下文化的出版首肯與大樹文化總編輯張蕙芬的全力支持下，才得以全面衝刺，將台灣曾經記錄過的水生與濕地植物全數彙集完成。本書內容包括516種水生與濕地植物物種，其中包含408種原生種，61種歸化成員及47種文章中論及的相關種類，並網羅了『台灣植物誌』裡記載關於水生及濕地生的所有種類以及許多新發現物種。調查的範圍包含台灣全島、蘭嶼、綠島、龜山島、澎湖群島、大小金門及馬祖列嶼等。

未能拍攝到的細角金魚藻、彈裂碎米薺、黃花莕菜、紅茄苳、雙室聚藻、長葉水蘇、小狸藻、彎果茨藻、角果藻、冠果眼子菜、海灘莎草、赤箭莎、布朗氏刺子莞、纖形飄拂草、雙稃草及明潭羊耳蒜等物種，則交由陳士鉅與林麗瓊伉儷以植物繪圖展現。

長達兩年的撰寫期間，感觸良深，台灣許多夢幻般的物種，處理起來格外困難，也曾想過放棄某些物種的介紹，但是完美主義的本性又不斷浮現，假如當下沒能立即著手匯集它們的話，其真實面貌與知識傳達恐怕將永遠石沉大海，幸而堅持到底，最後任務還是圓滿達成。

這些日子以來，特別感謝海南友人王裕旭，日本友人須田真一、池田和隆、山崎誠、桶田太一，台灣友人許美玲、陳西村、潘方仁、張庭豐、周英勇、林在田、鄭毓毅、黃靜芬、楊綉玉及謝長富教授等諸君的協助，才得以圓滿達成任務，當然讀者的熱情回應，才是我們這群自然生態創作者的原動力，再次感謝大家。

我的房舍就與水生植物結合在一起，園裡保有大部分原生物種的命脈。

生命網路的啓動者

對於生態體系深刻了解的人都知道，水生植物在自然環境中所扮演的角色是何等的重要。只要有它們出現的地方，必能熱絡物種的豐富性，讓一條溝渠或一方水塘，成為生機盎然的自然園地。

比方分佈於桃竹台地的台灣萍蓬草，本身就是一種優美的水生植物，然而它的存在與否，也關係到其他生物的命脈延續。有一種水生金花蟲，幼蟲攝食它的地下塊莖，成蟲則輔助其授粉，一旦台灣萍蓬草消失，食性專一的水生金花蟲，也將隨之滅絕。

同樣在蘭陽蘇澳的沿海地區，有條大型流水溝渠，裡頭佈滿了龍鬚草與馬藻，大量蝦類繁衍其間。進而引來食性獨特的淡水海龍，牠們似乎特別喜愛偷襲蝦類身上的卵粒，沒有蝦子的存在，相信淡水海龍也難以生存。而蝦類的主要依附便是水生植物，可見彼此間的關係密不可分。

小黃斑挵蝶是一種沼澤性蝶類，雌蟲選擇產卵的對象，便是禾本科中的李氏禾，牠小巧的身影穿梭在各類袖珍型的濕地植物間幫助授粉，生態角色功不可沒。

再來看看以往的雙連埤，為何被冠上「濕地王國」的稱號，主要是因為沼池中生長水生植物後，各類水棲昆蟲相繼駐留，掠食的魚類及兩棲類隨之而來，又吸引了鳥類的覓食。越來越多的水鳥穿梭其間，濕地植物面相就不斷擴增，生物多樣性也相對大為提高。

水生植物可說是生命網路的啓動者，讓一塊毫不起眼的水澤荒地，變成萬物聚生的家，許多生物在這裡都欣欣向榮、繁衍不已。

這種水生金花蟲的未來，隨著台灣萍蓬草的興衰，而決定族群命脈之存續與否。

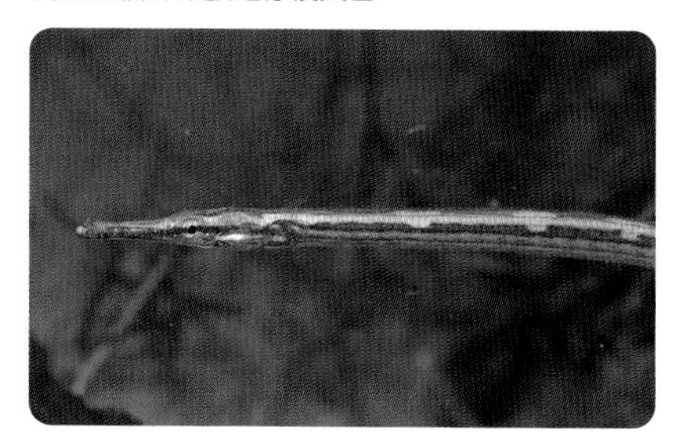

印尼海龍喜愛穿梭在水生植物豐富的沿海溪流裡。

以往雙連埤豐富的水生植被景觀，活絡了當地的生態體系。

台灣萍蓬草為台灣特有植物，生態意義非凡。

蘇澳沿海的這條流水溝渠裡頭，盡是龍鬚草與馬藻的身影，提供短塘鱧、淡水海龍、無孔塘鱧及多種洄游性淡水魚蝦的優良庇護場所。

什麼是水生植物？

植物遍佈世界各地，從溫暖潮溼的熱帶雨林，到冰寒乾燥的荒漠極地，再從海洋深處延展到高山峻嶺，都有它們的蹤跡存在。或許因為彼此間的生育場所差異懸殊，各自演化出一套適應環境的生活形態，水生植物便是其中的佼佼者。

水生植物指的是一群生活在沼澤、海洋與濕地環境之間的植被群落，它們的嗜水性遠勝於陸地植物。然而水與植物之間的親密關係，要達到何種程度，才能歸類為水生成員，這似乎沒有絕對性的定義。

本書對於水生植物的界定，概括了兩項重點，其一是「須具備有沉水葉、膨大的氣室、海綿質根莖及竄出土表的呼吸根等，能適應水濕環境的特殊器官的物種」。其二是「不管植物長什麼樣子，只要自然分佈侷限於沼澤或水濕環境中的植物」。

比方沉水性的尖葉眼子菜或兩棲性的石龍尾，它們都是典型的水生植物，不會有任何疑義。

再來像水筆仔、寬葉毛氈苔、長葉茅膏菜或胡麻草，它們的長相雖然偏向於陸生植物形態，自然分佈卻局限於季節性濕地或河口沼澤環境，所以也都符合水生植物的定義範圍內。

當然有些陸地植物雖然沒有明顯的水生特質，但是族群身影卻經常入侵水澤環境之中，它們也就成為所謂「廣義性物種」。譬如鳳尾蕨科的鐵線蕨，族群生活範圍，離不開有水滴落的濕岩壁。番杏科的海馬齒也多出現在海岸潮水可抵達的地帶。還有田野四處可見的石竹科菁芳草，不管水濕或陸地生活皆能適應。

其他諸如蘭科的綬草、穗花斑葉蘭，繖形花科的台灣天胡荽，鳳仙花科的紫花鳳仙花，紫堇科的刻葉紫堇，金絲桃科的元寶草及鳶尾科的黃花庭菖蒲、庭菖蒲等等不勝枚舉的物種，難以歸類，它們是否可以並列為濕生植物，在界定上也就見仁見智了。至於成員衆多的藻類或水生苔蘚等低等植物類群，就不在我們探討的範圍之中。

水筆仔雖為木本植物，族群分佈侷限於河口沼澤環境，理所當然成為水生植物的一份子。

不管什麼植物，只要能夠長出適應水中生活的沉水葉片，它就是水生植物的一員，圖中生活在宜蘭神秘湖沼澤區中的尖葉眼子菜，便是典型的成員。

寬葉毛氈苔的長相幾乎沒有什麼水生植物的特質，也無法長時間過於親水，但是其自然分佈卻侷限在季節性濕地中，所以也符合水生植物的定義範圍內。

生育於宜蘭神秘湖畔的紫花鳳仙花族群，經常入侵水中生活。

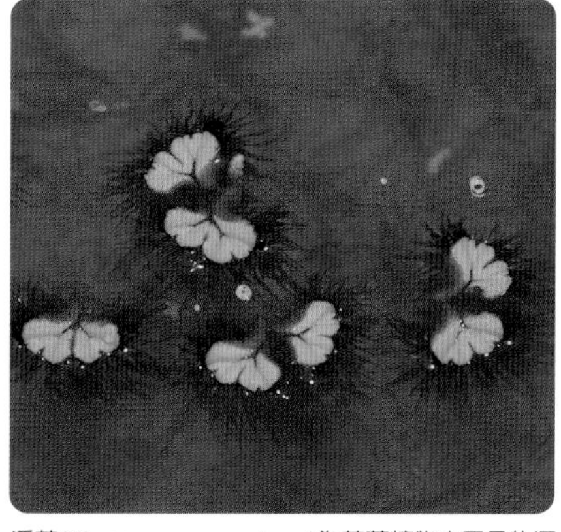

浮苔(*Riccocarpus natans*)為苔蘚植物中罕見的漂浮成員。

菁芳草的生活領域廣泛。

叉錢苔(*Riccia fluitans*)為典型的水生苔蘚。

不管植物的的長相如何，只要生活領域離不開沼澤環境，它就是濕地植物的一種（桃園楊梅富崗濕地）。

水生植物家族

了解水生植物的定義之後，接著進行家族分類的說明。分佈台灣的水生與濕地植物成員衆多，它們並非僅屬於單一的家族份子，一般依生活形態，可以區分為：沉水、漂浮、浮葉及挺水等四大家族。每一個家族都有不同的定義存在，以下我們逐一來探討。

◎沉水植物：

只要一種植物終身都生活在水表下，無法發展水上形態，它們就是沉水植物的一員，也是最為典型的水生物種。絕大多數的成員生活在淡水環境，少數見於半淡鹹水或海洋之中。

◎漂浮植物：

能夠成為漂浮植物的一員，共同特色在於植物體的根莖沒有定著性，隨水流四處漂行。雖然水位退去後，植物體也可以平貼在表土上，但那僅是臨時的，一旦水位升高後，又會再度漂浮水表生活。

◎浮葉植物：

某些植物的根莖可以定著在水下的泥土裡，葉片由長柄帶出水表上平貼生活，它們就是浮葉家族的成員。一旦水位退去後，也能短暫挺水生活，而且部分成員可以發展出形態有別的沉水葉，如台灣萍蓬草或冠果草，就是很好的例子。

◎挺水植物：

典型的挺水植物都是生活在水澤邊的淺水處，它們的部分植物體挺出水表，甚至水位上升時，植物體也能夠完全適應水中生活，進而發展出形態有別的沉水葉，另外亦包含少數的木本成員。

不過挺水植物的家族成員衆多，幾乎佔了總數三分之二以上的比率，有些物種的生活史過程變化多端，很難歸類。像田字草平常以挺水形態出現，雨季來臨時則轉換成浮葉的模樣。同樣地，各種聚藻、節節菜或石龍尾屬植物，甚至常年生活於流水中，幾乎多以沉水形態來展現生活面貌，這些特殊份子就必須長時間的觀察與紀錄，才能深入了解它們的習性。

由於挺水植物成員的多樣性，以下特別舉例「濕生植物」與「兩棲性植物」來加以介紹與說明。

【濕生植物】

有些植物的長相，沒有什麼明顯的水生特質，但是自然分佈卻又侷限在沼澤或水濕環境中的高層位置，這一類特殊份子都可以歸類在濕生植物之中，典型者如寬葉毛氈苔、圓葉挖耳草或紫花蝴蝶草等。不過以廣義性的看法來說，「濕生植物」還是概括在挺水植物家族之中。

【兩棲性植物】

這一類植物指的是它們的生活習性，可以任意游走在空氣與水中截然不同的領域裡，挺水葉與水中葉的變化劇烈。典型物種集中在石龍尾、聚藻、節節菜及水蓑衣等屬別之中。

見於台北雙溪水池中的日本簀藻，是一種無法離開淡水域環境的沉水植物。

生活在恆春半島珊瑚礁潮間帶的泰來藻與單脈二藥藻，都是典型的海生沉水植物。

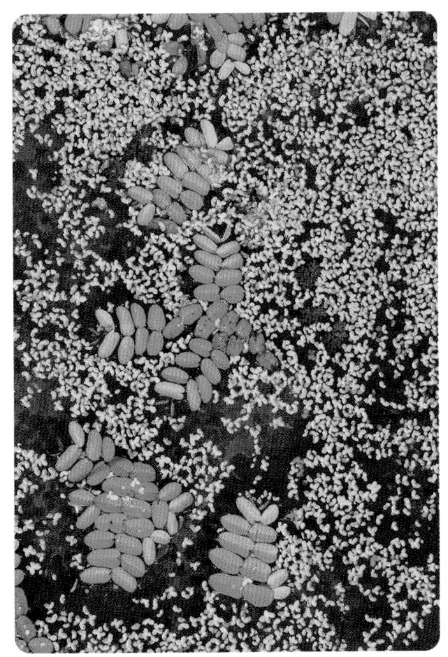

圖中共同生活在台北貢寮鄉水田環境的槐葉蘋、青萍及日本滿江紅，都是漂浮植物的家族成員。

台灣萍蓬草是一種兼具沉水與浮葉性的水生植物，像圖中的族群便明顯可見浮水葉及下方翠綠的沉水葉。

冠果草雖為浮葉家族成員，成長階段可以發展出線形的沉水葉與心形的挺水葉，生活面相十分多樣。

圓葉挖耳草的分佈點不是水生植物典型生育環境，且無法真正沉水生活，可以歸類為「濕生植物」。

田字草可以歸類為浮葉或挺水植物。

挺水植物裡包含一群兩棲性物種，能夠長出形態截然不同的挺水與沉水葉片，像圖中生活在宜蘭冬山湧泉排水溝中的盤腺蓼族群，便能清楚看出水中紅色的沉水葉及一旁綠黃的挺水葉。

鴛鴦湖畔群生的東亞黑三菱，是一
種典型的挺水植物。

水生植物的生育環境

水生植物是一個大家族，成員依據自己的生活習性，選擇了落地生根的場所來定居與繁衍。當我們走出戶外，到底要在怎麼樣的環境下，才能找到它們的身影呢？現在就讓我們共同好好探討一番。

◎灌溉溝渠：

只要有務農的地方，必定有灌溉溝渠的存在。不過目前台灣的溝渠環境多半水泥化，導致許多賴此為生的物種日漸稀少。

宜蘭縣擁有眾多的湧泉排水溝，是水生植物重要的生育溫床，如蘇澳地區的龍鬚草，冬山的無柄花石龍及員山鄉的水車前等，同時以往重要的護堤植物「風箱樹」，也僅存於蘭陽平原的少數溝岸邊。

大台北地區雖為繁華的都會環境，但是在市郊的雙溪、金山及三芝一帶，尚有不少優良的溝渠環境，主要生育有簀藻屬植物。其他北台灣重要的水生植物分佈點，還包括了桃園龍潭的桃園石龍尾及新竹市的柳絲藻族群。

花東地區的破壞少，但水生植物的物種分佈並非那麼豐富，不過在花蓮富里的排水溝裡，還保存著台灣最大族群的馬來眼子菜。

一般在灌溉溝渠能夠見到的物種，主要包含有馬藻、水蘊草、苦草、聚藻、盤腺蓼、小獅子草、長柄石龍尾及圓葉節節菜等。

◎溪流：

在熱帶國家，溪流是水生植物重要的繁衍場所，像熱帶東南亞林下溪流的隱棒花屬植物、非洲剛果的水生石蒜蘭、亞馬遜河流域的太陽草，甚至中國海南島的川苔草等，都是極具代表性的物種。台灣的林下溪流，也有石菖蒲及三叉葉星蕨的分佈。不過台灣的溪流多半湍急且佈滿了石礫，不利於水生植物生長。但是還是有極少數的例外，那就是位於屏東萬巒鄉境內的佳平溪流域，就擁有讓人嘆為觀止的水生植被群落。

分佈當地的濕地植物至少有40種，其中有十餘種成員屬於外來歸化物種，如粉綠狐尾藻、異葉水蓑衣及白頭天胡荽等。原生物種當中，以長柄石龍尾、盤腺蓼、耳葉水莧菜及水蕨的族群較為龐大。其他像屏東石龍尾、探芹草或類雀稗，都是十分罕見的成員。

宜蘭員山鄉的這條排水溝渠，生育有水車前、擬紫蘇草及三蕊溝繁縷的混生族群。

盤腺蓼與後方無柄花石龍尾的混生沉水族群，見於蘭陽平原冬山的湧泉排水溝裡。

屏東萬巒的佳平溪流域，擁有豐富的熱帶水生植物資源。

三叉葉星蕨喜愛生活在林下溪澗環境的石塊上。

◎水田：

以台灣現有的水生植物分佈情況來說，水田可說是它們生育的大本營，全台三分之二以上的種類，可以在水田中尋獲。田地的利用不一定只栽培水稻，像宜蘭礁溪的空心菜田、南投埔里的茭白筍田、台南官田地區的菱角田及全台各地的荷花田等，也是很好的觀察地點。

一般常見於水田環境的水生植物大約有30至50種，如細葉水丁香、水丁香、尖瓣花、印度節節菜、空心蓮子草、異花莎草、稗、陌上菜、水莧菜及泥花草等，都是基本成員。

台北的雙溪、貢寮、金山與三芝一帶的水田環境，可說是全台灣最佳的水生植物生育場所。我們很容易在當地見到白藥穀精草、微果草、擬紫蘇草、虻眼、毛澤番椒、挖耳草、匙葉眼子菜、絲葉狸藻、鼠尾囊穎草及有尾簀藻等各類型嬌柔水生植物混生的景緻。

除此之外，分佈水田環境的稀有植物，多得不勝枚舉，像宜蘭蘇澳的沿海平地水田裡，有匍匐莞草的蹤影。台北三芝鄉的梯田裡，就有水車前及窄葉澤瀉的族群存在。貢寮鄉的小莕菜及槐葉蘋，則是生活在茭白筍田中。

桃園楊梅、龍潭及新竹關西一帶連結山區的水田環境，是浮葉植物「冠果草」生育的大本營。苗栗的銅鑼鄉分佈有擬長箭葉蓼、瓜皮草及直立半邊蓮的混生族群。台中清水一帶的少數水田，是台灣水蕹唯一的家。

南投蓮華池的谷地中，有幾塊廢棄水田，裡頭分佈有南投穀精草、大葉田香草、小花蓼、細葉雀翹及香蓼的混生族群。南台灣的水田，以台南林鳳營一帶較為優秀，我們可以見到小水莞、小花水丁香及五蕊節節菜的混生族群。而恆春半島著名的牡丹東源濕地，也是由許多廢耕水田連接而成，這裡有四角藺、紫蘇草、掌狀莎草及菲律賓穀精草的美麗倩影。

花東地區的水田，以花東水蓑衣最為出色，生育在花蓮壽豐與吉安之間的廢耕水田中，也可以見到美洲節節菜與過長沙混生的獨特景緻。台東離島的蘭嶼，在沿海的水芋田裡，是僅知的蘭嶼小莕菜產地，通常與大葉田香草、菲律賓穀精草及匍匐莞草生活在一起。

圖中的窄葉澤瀉族群，見於台北三芝鄉的水田環境。

新竹關西的水田裡，尚有罕見的冠果草生育其間。

台北貢寮鄉的茭白筍田裡，佈滿了槐葉蘋身影。

蘭嶼這處水芋田，生育有蘭嶼小莕菜、菲律賓穀精草、匍匐莞草、大葉田香草、毛蕨及拂尾藻等稀有植物的混生族群。

這些變異的連萼穀精草族群，就生活在台北雙溪的梯田環境。

2009年4月的最新實況，位於台中清水的台灣水蕹生育地，水田裡的數量少於20株，面臨滅絕危機：三年前這裡還保有數千株的族群。

◎池塘：

有人煙的地方通常就有池塘的分佈，是人為開鑿出來的環境，用來蓄水灌溉之用，卻也是許多鳥類棲息躲藏的好地點，進而孕育出獨特的水生植被景觀。

桃竹境內擁有千塘的美譽，分佈這裡的水生植物，更是精彩絕倫，並以北方系統的溫帶植物為主，可見候鳥的遷移路線多半往返在日本與中國大陸之間。

重要的水生植物資源，集中在桃園龍潭、楊梅與新竹關西、湖口四鄉鎮台地連結的區塊內，這裡的池塘曾經記錄過：台灣萍蓬草、烏蘇里聚藻、水杉菜、龍潭莕菜、柳葉水蓑衣、澳古茨藻、龍潭莕菜、桃園石龍尾、三葉石龍尾、絲葉石龍尾、紫花澤番椒、水車前、田蔥、小莕菜、針葉燈心草及銳稜荸薺等特殊物種。不過時至今日，上述的珍稀物種大多隨環境改變多已消失殆盡。

大安水蓑衣是一種大型的濕地植物，目前還有機會在台中清水、梧棲及龍井鄉境內的少數池塘中發現。台南柳營的小山丘裡蘊藏幾口大型池塘，裡頭佈滿了膜稃草及絨毛蓼的身影。

高雄美濃地區的池塘環境，曾經分佈有異葉石龍尾、長柄石龍尾及龍骨瓣莕菜的混生族群，然而最為稀有的異葉石龍尾於2002年絕跡了。花東地區的壽豐鄉原本還保有數口池塘，生育有芡實這種超大型的浮葉植物，但到了2007年也全面消失了。

桃園龍潭的這處野塘，生育有大量的小莕菜與印度莕菜族群。

這處位於花蓮壽豐的池塘生育有芡實與台灣菱，也於2007年隨風而逝。

桃竹台地最美麗的台灣萍蓬草池塘，也於2004年春天淪陷。

◎山區湖泊：

如果以面積來衡量的話，台灣沒有所謂真正的湖泊存在，然而一些山區的低窪小型沼澤，我們習慣稱呼它們為「湖泊」，如台北陽明山上的「夢幻湖」或汐止地區的「新山夢湖」等，都只是小型的濕地環境。但為了避免與池塘混淆一起，這裡還是採用「湖泊」的稱呼來介紹它們。

以現有的資料來看，海拔高度介於500至2000公尺之間的湖泊區，分佈的物種最為豐富。到了2500公尺以上的高山地帶，通常僅有莎草及燈心草科植物存在。

【雙連埤】

在西元2002年以前，位於宜蘭員山鄉境內海拔約500公尺的雙連埤，確實是台灣水生植物最為重要的生育場所，記錄有百餘種的濕地生成員，水下生活大量的黃花狸藻族群，浮水植物有小果菱、野菱及蓴菜，挺水精英份子則是絲葉石龍尾、假荸薺、馬來刺子莞、克拉莎、水社柳、水虎尾、連萼穀精草、寬柱莎草、四角藺及分株假紫萁等。然而卻因為人為的蓄意破壞，而使多數珍稀物種消失殆盡，雖說雙連埤目前已成為保護區，但原始環境何時才能恢復昔日的熱鬧景緻，可說遙遙無期。

雙連埤如此豐富的水生植被景觀，於2003年瓦解！

【草埤】

位於雙連埤附近，海拔高約750公尺，由登山口步行抵達草埤，只要十分鐘左右。先前的水域豐富，如今卻被苔蘚植物全面覆蓋，導致蓴菜的消失。記錄有20餘種濕地植物，以圓葉澤瀉及分株假紫萁最為特殊。其他重要物種還包含有宜蘭蓼、東亞黑三稜、小花蓼、連萼穀精草、挖耳草、卵葉水丁香、水社柳及毛蕨等，同時這裡也是小紅蜻蜓在台灣唯一的分佈地。

草埤的春季景緻，一旁為分株假紫萁的族群。

【坔埤】

由雙連埤步行到坔埤，約需三個鐘頭的時間，海拔高約900公尺，也是員山鄉最高海拔的湖沼濕地。這裡的環境類似草埤的景緻，平常幾乎沒有水位的存在。有20餘種的濕地植物分佈其間，其中以南仁節節菜最為奇特，族群就生長在銜接兩處沼澤的林下排水溝中。

除此之外，莎草科的白穗刺子莞也是特色十足的物種，族群還算豐富，其他重要植物還有東亞黑三稜、卵葉水丁香、水社柳、宜蘭蓼、小花蓼及連萼穀精草等。

【神秘湖】

因為雙連埤的植被景觀破壞，神秘湖成為台灣水生植物最為豐富的內陸湖沼濕地，成員約40種。這裡的海拔約1100公尺，位於宜蘭南澳鄉境內，假如車子可以抵達工寮旁的入口處，步行只需三十分鐘就能抵達湖畔。

水生植物的四大家族成員皆有分佈，水面漂浮著滿江紅與青萍，浮葉植物是眼子菜，水下的尖葉眼子菜與微齒眼子菜則為全台僅見，並有小茨藻、金魚藻、南方狸藻及馬藻伴生一起。水邊植物包含了東亞黑三稜、細葉雀翹、小葉四葉葎、石菖蒲及綠色型的卵葉水丁香等。

神秘湖沼澤區的水生植被景觀保持完整。

【松羅湖】

位於宜蘭大同鄉的松羅湖，海拔約1300公尺，由登山口步行約4小時，旅途漫長。當地水位低平，無大型植物入侵，視野遼闊，環境宛如草坪般，非常具有特色。

濕地植物記錄有十餘種，重要者包含有七星山穀精草、狼把草、宜蘭蓼、貝殼葉荸薺及小花蓼等。

松羅湖的景緻優美，無大型植物入侵，宛如草坪般。

【崙埤池】

與松羅湖一樣，同樣位於宜蘭大同鄉境內，海拔約850公尺，從登山口步行約一個鐘頭便能抵達湖畔，行程輕鬆愉快。

擁有大面積的深水域，主要生育浮葉植物「蓴菜」，少量的南方狸藻、野菱及眼子菜伴生其間。周圍的挺水植物以水毛花、鏡子薹與東亞黑三稜為大宗。其他稀有植物還包含有擬針藺、宜蘭蓼、卵葉水丁香及連萼穀精草等，共約20餘種濕地植物分佈於此。

崙埤池的水域裡，佈滿了整池的蓴菜族群。

【中嶺池】

就在崙埤池附近，也是屬於大同鄉的管轄內。聚水面積略小於崙埤池，但草澤面積卻開闊許多。分佈現場的植物，幾乎與崙埤池如出一轍，但未有野菱及南方狸藻的芳蹤。不過崙埤池無分佈的小葉四葉葎，卻見於草澤中。

【夢幻湖】

大台北地區的湖沼濕地寥寥無幾，多位於陽明山國家公園之中，如大屯池、磺嘴池、向天池及夢幻湖等；其中僅有座落在海拔850公尺的夢幻湖，擁有特殊的水生植被景觀。

台灣特有的水生蕨類「台灣水韭」，為湖中的固有植物，並與七星山穀精草、小莕菜及水毛花等十餘種濕地植物混生在一起。由停車場步行至夢幻湖畔，需約花上20分鐘的腳程，沿途的濕石壁上則有少量的食蟲植物「小毛氈苔」蹤影。

遠看夢幻湖的水域景緻。

【南仁湖】

隸屬於墾丁國家公園的南仁湖自然保護區，是由許多大小不一的水潭與池塘連結而成的大型濕地，由管制站步行到湖區，大約需要費時兩個半鐘頭的時間。

分佈當中的水生植物至少有50餘種的紀錄，代表性的物種是南仁水蓑衣及南仁節節菜，其他稀有植物還包括有卵葉水丁香、紫蘇草、貝殼葉荸薺、白花水龍、小莕菜、細葉雀翹、小花蓼、菲律賓穀精草及聚花草等。

進入南仁湖主湖區前的第一座水池，是南仁水蓑衣、南仁節節菜、紫蘇草、小莕菜、卵葉水丁香及聚花草的家。

【鴛鴦湖】

台灣水生植物豐富的湖沼區，多位在東北部的宜蘭縣，桃園以南至高雄縣之間僅有地處於新竹縣尖石鄉的鴛鴦湖，擁有獨特的水生植被群落。當地海拔高約1670公尺，盛產十餘種的溫帶植物。

特殊物種包括軟稈燈心草、單穗薹及箭葉蓼等三種，全台僅見於此。水域裡唯一的沉水植物為眼子菜，草澤植被組成多以稀有植物為主，如東亞黑三稜、四角藺、卵葉水丁香、小葉四葉葎、宜蘭蓼及白穗刺子莞等。

鴛鴦湖為自然保護區，必須向退輔會申請才得以進入，假如由停車處步行到湖區，只有10分鐘的腳程，同時這裡也是台灣弓蜓唯一的棲息地。

多年來鴛鴦湖的水域植被景緻幾乎完美如前。

【新山夢湖】

位於台北汐止地區的新山夢湖，是一處私人產業，由停車處步行到水澤邊約需10分鐘的腳程。湖中分佈有大量的黃花狸藻、絲葉狸藻及有尾簀藻，池畔的挺水植物大致有荸薺、針藺、連萼穀精草、大葉穀精草及圓葉節節菜等，共約20餘種。

新山夢湖的環境已逐漸人工化。

◎水庫：

對於水生植物來說，水庫的水位過深，並非理想的生育環境，所以像北部的石門水庫、翡翠水庫，中部的日月潭水庫、明潭水庫或南部的蘭潭水庫及白河水庫等，都沒有什麼特殊的水生植物分佈。

我們能夠在水庫環境見到的植物通常是水柳科、三白草科、蓼科、爵床科及柳葉菜科的成員為主。倒是以往日月潭水庫的前身為日月潭沼澤區，是台灣最大型的內陸濕地，分佈當地的水生與濕地植物估計約有100至150種之間，像子午蓮、尖葉眼子菜、水社扁莎、明潭羊耳蒜、水社野牡丹及印度莕菜等，都是非常具有特色的物種。不過隨著日據時代的水庫興建，族群全數消失，殊為可惜！

日月潭水庫的前身原為日月潭沼澤濕地，曾分佈可觀的溫帶濕地植物，如今早已蕩然無存。

◎河口濕地：

台灣到處都有河口的存在，環境卻不盡相同。不過可以理解的是，生育其間的植物，都必須忍受潮汐漲退半淡鹹水的嚴苛環境。最著名的河口植物群落便是紅樹林，台灣的紅樹林植物分佈在西部地區，由台北往南至屏東的林邊鄉沿岸，並以台北淡水河口的水筆仔純林及台南四草的欖李、紅海欖、海茄苳與土沉香的混生林，最為壯觀。

金門地區的河口環境，分佈著台灣沒有的老鼠簕及桐花樹族群。扁稈藨草也是河口水域植物的代表性物種，群落見於宜蘭蘭陽溪河口、新竹香山海岸及台中的大甲溪河口。其他常見的物種，以蘆葦、鹹草、長苞香蒲、莞及過長沙為主。

蘭陽溪河口佈有單穗莞草的龐大族群。

金門地區的河口潟湖，尚有桐花樹的身影。

◎鹽田及潟湖：

近幾年來，台灣的製鹽工業沒落，導致嘉義白水湖以南至高雄永安之間的鹽田全數荒廢，自然形成了潟湖景緻。別看這裡的環境嚴苛，卻有數種海生高等植物分佈於此，並繁衍出龐大的族群數量，它們分別是卵葉鹽藻、貝克鹽藻及流蘇菜。

嘉義布袋的鹽田及潟湖裡，盡是卵葉鹽藻、貝克鹽藻及流蘇菜的旺盛族群。

◎珊瑚礁潮間池：

屬於熱帶氣候的恆春半島，沿海多有珊瑚礁群落的分佈，在部分帶有砂質的潮間池裡，生育有泰來藻、線葉二藥藻、單脈二藥藻及卵葉鹽藻的混生族群，知名產地有南灣、後灣、海口及後壁湖等。離島的蘭嶼、綠島及澎湖群島，也多有這類植物的芳蹤。

另外於恆春半島的深水域裡，尚有毛葉鹽藻的分佈，如後壁湖的族群就生活在水深5至20公尺之間的水域裡。

墾丁後壁湖這處海域，分佈有泰來藻、單脈二藥藻、卵葉鹽藻及毛葉鹽藻的族群。

◎濕岩壁：

一般人很難想像，在山區有水滴落的濕岩壁上，會有水生植物的分佈，然而像狸藻科的圓葉挖耳草，就只喜愛生活在這樣的環境中。其實在熱帶東南亞，濕岩壁是許多水生食蟲植物、穀精草、黃眼草及濕生性莎草的家，然而台灣能夠見到的物種就十分稀少，北部山區較為常見的成員就僅有小毛氈苔一種。

另外在台北汐止山區的濕壁上，尚記錄到兩種歸化的狸藻科植物，分別是禾葉挖耳草與青葉挖耳草，推測可能是人為種植後，才大量繁衍於當地。

台北汐止的這處濕壁上，為小毛氈苔、大葉穀精草及菲律賓穀精草等稀有植物的生育場所，更有禾葉挖耳草與青葉挖耳草歸化其間。

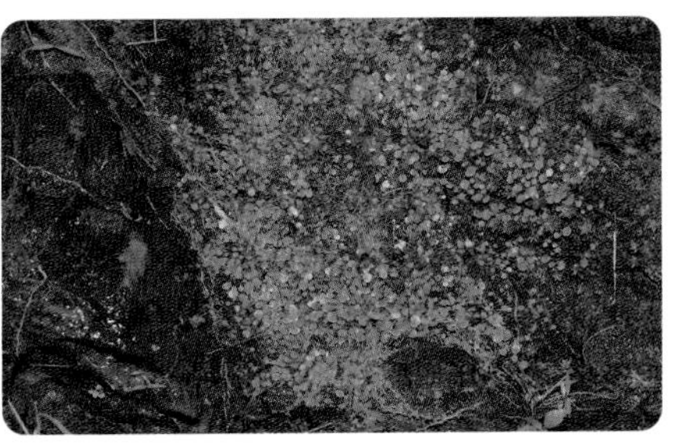

圓葉挖耳草僅生活在山區有水滴落的石壁上，圖中族群見於屏東臨寮溪畔。

◎濕坡地：

台灣的山區裡蘊藏不少的濕坡地，是多種水生植物喜愛生活的環境。台北汐止往內湖之間的公路兩旁，是這類環境的精華地帶，重要植物包含有大葉穀精草、連萼穀精草、菲律賓穀精草、小毛氈苔、四角藺、挖耳草及絲葉狸藻等。

新竹竹北蓮花寺濕地附近的濕坡地，更分佈著精彩的濕地植被群落，如長距挖耳草、寬葉毛氈苔、長葉茅膏菜、小毛氈苔、直立半邊蓮、大葉穀精草、菲律賓穀精草、點頭飄拂草、雙穗飄拂草、黑珠蒿、毛三稜、針葉燈心草、蔥草及薄葉泥花草等十餘種稀有或瀕危植物混生一處的難得景緻。不過如今卻因為道路拓寬及軍方干擾，幾乎使它們全數消失殆盡。

恆春半島東面的沿海山坡上，分佈有鹵蕨的大族群，但為何一種紅樹林植物會長在山坡的濕地上，顯示出植物族群擴張的張力，遠比我們想像中要強大許多。

台北內湖的這處路旁濕坡地，分佈著多種稀有植物，如四角藺、大葉穀精草及大花型的挖耳草等。

◎季節性濕地：

在熱帶東南亞、非洲、南美洲或澳洲地區，季節性濕地的存在是非常普遍的現象。然而台灣這類濕地環境卻是難得一見，其中有四處特別精彩，分別是桃園楊梅的富崗濕地、新竹竹北的蓮花寺濕地、嘉義市的彌陀濕地及金門的田埔濕地。

位在嘉義市彌陀路旁小土丘下的彌陀濕地，便是典型的季節性濕地。每年到了梅雨期，濕地上方土丘處便會不斷滲水出來，滋潤下方的土壤，促使先前處於乾燥休眠狀態的各類植物種子得以萌芽生長。

到了仲夏季節就能觀察到泰山穀精草、裂穎茅、湖瓜草、胡麻草、刺齒泥花草、薄葉泥花草、菲律賓穀精草、皺果珍珠茅、寬葉毛氈苔及密穗磚子苗等珍稀植物的身影，其中泰山穀精草更是當地獨有的物種。不過這處經典產地已於2006年遭到填土破壞，多數物種消失無蹤。

桃園楊梅的富崗濕地、新竹竹北的蓮花寺濕地及金門田埔濕地，也都算是季節性濕地的類型，分佈其中的共同稀有物種，計有長距挖耳草、寬葉毛氈苔、長葉茅膏菜、小毛氈苔、直立半邊蓮、光巾草、大葉穀精草、菲律賓穀精草、點頭飄拂草、雙穗飄拂草、黑珠蒿、毛三稜、針葉燈心草、蔥草及薄葉泥花草等，金門的田埔濕地，還多了硬葉蔥草、狹葉花柱草、金門母草及紫花蝴蝶草的分佈。

但是富崗濕地的面積雖然廣大，卻屬於私人產業，隨時有開發的可能。蓮花寺濕地如今由軍方管控，命運難以預測。

先前的蓮花寺濕地全景，目前由軍方管控。

嘉義市彌陀濕地的原貌，目前由土堆取代。

富崗濕地為台灣本島已知最大型的季節性濕地。

泰山穀精草僅產於彌陀濕地中，這麼龐大的自然族群已成為歷史畫面。

寬葉毛氈苔為蓮花寺濕地、富崗濕地、彌陀濕地及田埔濕地共同的物種，圖為彌陀濕地產的族群。

田埔濕地裡開滿了硬葉蔥草的黃色花朵。

水生植物的特殊構造

水生植物是個大家族，喜愛生活在多水潮濕的環境，雖然它們都有共同的嗜好與習性，彼此的外觀形態卻不盡相同。某些物種為了因應環境，發展出獨具風格的構造，有別於一般的陸地植物，它們的獨特性值得我們花些時間來仔細認識一番。

◎竄出地表的呼吸根

一般植物正常的根，都是往泥土裡生長，但是有些水生植物，根系卻能竄出土表，這些根系稱為「呼吸根」。分佈台灣的成員稀少，典型者有紅樹林植物的海茄苳，它的呼吸根可以竄伸數公尺之遠，一根根筆直生長，形態獨樹一幟，極易識別。水丁香屬成員也能發展出海綿狀的白色呼吸根，感覺頗似毛毛蟲。

另一類的呼吸根並不是由泥土中長出，而是直接由莖部根系變化而成，比方台灣水龍及白花水龍，它們的莖一旦與水接觸後，莖節上的根就會逐漸膨大成囊狀，以輔助植物體漂浮水面。

其他的水生植物，或多或少都有呼吸根的特性存在，也是許多廣義性物種的界定依據之一。比方千屈菜科的克非亞草，適應能力廣泛，不一定出現在水澤邊，樣子也不是典型的水生模樣，更無法長出沉水葉，但是只要莖部與水接觸後，便會長出厚實的海綿狀呼吸根，理所當然成為濕地植物的一員。

◎適應水中的沉水葉

沉水葉指的就是能夠適應水中生活的葉片，也是識別水生植物最為重要的依據。生活於湍急水流的植物，它們的沉水葉多為細長形態，如龍鬚草、眼子菜或馬藻等。闊葉型沉水葉，多出現於靜水環境，如水車前、藍睡蓮或台灣萍蓬草等。

不過有些植物的沉水葉，並非呈現正常的葉片形態，而是變化成根狀，這些特殊的「變態葉」，就發生在槐葉蘋及菱角科的植物身上。

槐葉蘋的變態葉直接長在水面漂浮葉片下方，可以平衡植物體，並且取代根的功能。而菱角科植物的變態葉，則生長在細長的莖上，它真正的根系柔弱，才發展出鬚根狀的變態葉，來輔助植物體的固定。

◎膨大的氣室

有些水生植物無法長出沉水葉，卻擁有明顯的水生器官，幾乎連外行人都能一眼辨識出它們的水生身分，那就是「膨大氣室」的存在。不過所謂的「膨大氣室」，並非固定出現在植物體的某一個部位，像田蔥的葉片就擁有厚實的氣室，所以可以長期半浸泡在水中生活。布袋蓮的膨大氣室出現在葉柄上，輔助植物的平衡。睡蓮的膨大氣室則展現在葉柄上，因此可以生活在較深的水域中。水禾之所以可以成為禾本科植物的水生代表，那是因為它的葉鞘擁有膨大的氣室，植物體才得以游走水表生活。

至於一般的濕地植物，幾乎與水接觸後，莖部都會儲存大量的空氣，形成膨大的氣室，水生的特質展露無疑，像荷花的地下塊莖、尖瓣花的直立莖及空心菜的匍匐莖等，便是很好的例子。

海茄苳筆直的呼吸根。

克非亞草的呼吸根於莖的基部發展出來。

細葉水丁香柔軟的白色海綿狀呼吸根。

龍鬚草的葉片細長，適宜生活在湍急的流水中。

白花水龍的囊狀呼吸根生長在莖節上。

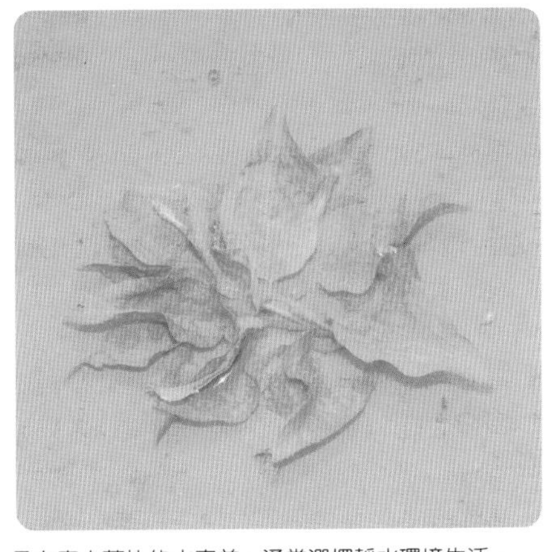

具有寬大葉片的水車前，通常選擇靜水環境生活。

槐葉蘋的水下根狀物，其實是變態葉，取代根的功能。

布袋蓮膨大葉柄裡的氣室，如同蜂巢般的組織。

菱角的變態葉發展成鬚根狀，生長在莖的周圍。

水禾的葉鞘膨大成浮囊狀。

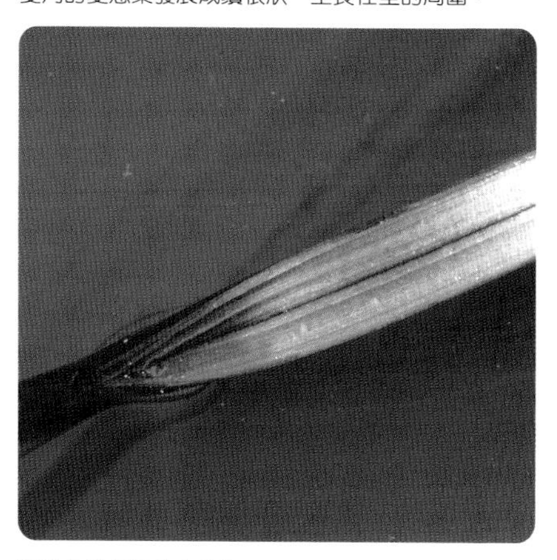
睡蓮的葉柄裡佈有數條氣室。

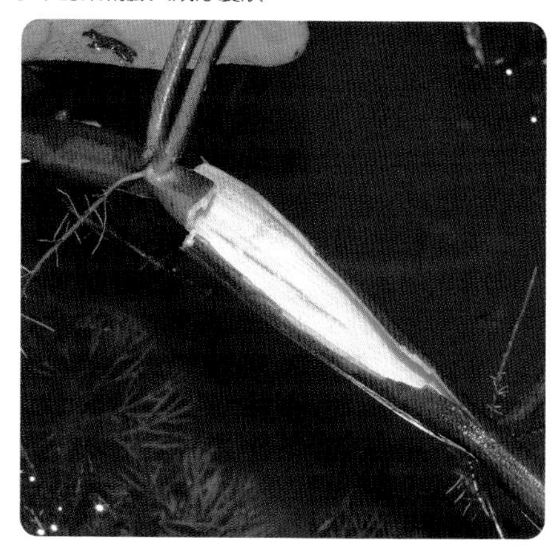
空心菜之所以可以游走水表生活，是因為它的莖空心，裡頭儲存大量的空氣，才得以增加浮力。

田蔥的葉片肥厚，裡面佈滿無數的方形氣室。

水生植物面臨的生存危機

孩提時代特別喜愛抓魚、養魚，當時對於水生植物談不上什麼認識，卻也必須經常採集它們，好放入容器裡讓魚兒躲藏，像金魚藻、竹葉眼子菜或水王孫都是隨處可見。

然而三十餘年過去了，金魚藻卻消失無蹤，不僅如此，台灣大概有半數以上的水生或濕地植物，也同樣面臨了生存危機。到底是什麼原因，導致這麼多物種趨向滅絕的道路，現在就讓我們一起來探討。

◎稻田永久休耕或轉作：

以台灣的現有環境來說，稻田可說是水生植物分佈最為精華的地點，尤其一些位於山區的梯田環境，更孕育了為數豐富的珍稀物種。然而因為時代的演變，面積狹小的梯田環境難以進行機械收割，加上栽培過程的資金付出，往往達不到平衡點，導致許多農民不願再播種稻米，繼而轉型種植蔬菜或廢耕。

這對於許多需要土壤翻新、注入水源等步驟才得以萌芽生長的弱勢水生物種來說，無疑宣判了它們的死刑。目前因稻田永久休耕而面臨滅絕危機的物種，包括了冠果草、台灣水蕹、窄葉澤瀉、水車前及多種茨藻科植物等。

◎填土工程進行：

桃竹台地擁有星羅棋布的池塘景緻，是台灣水生植物最為精彩的區塊，像台灣萍蓬草、烏蘇里聚藻、水杉菜、紫花澤番椒、桃園石龍尾及冠果眼子菜等北方系統的溫帶物種，都是當地特產的重要植被。然而這些稀有植物所生育的古老池塘，多於2000年以前即遭受填土工程而消失無蹤。

南台灣的嘉義市彌陀濕地，為近十餘年來僅知的季節性濕地，也是泰山穀精草唯一的分佈區域。其他伴生一起的瀕危植物還包含有湖瓜草、裂穎茅、寬葉毛氈苔、胡麻草及刺齒泥花草等。不過這處位於墳墓區旁的環境，怎麼看都不像會發生毀滅性破壞，也於2006年遭填平，殊為可惜。

◎外來生物入侵：

以台灣現有的開發程度來說，平地水田或溝渠環境還不至於看不到沉水植物的身影。不過眼前普遍的現象確實存在，而罪魁禍首便是福壽螺的引進。這種來自南美洲的淡水螺類，繁殖能力強悍，無草不吃，所到之處幾乎將各類柔弱植物完全吃得乾乾淨淨，是現今台灣水澤植被的豐富多樣性急速凋零的主要原因。福壽螺的入侵已廣佈中國、熱帶東南亞乃至日本南部，成為世界性的危害問題。

近些年來，外來水生植物不斷溢出歸化，像一些繁殖快速又強勢的物種，也會侵犯到原生植物的生活空間，如布袋蓮、大萍、粉綠狐尾藻、水蘊草、翼莖闊苞菊及長柄滿天星等。其他影響水生植物繁衍的淡水入侵生物，還包含了吳郭魚、琵琶鼠、巴西烏龜及美國螯蝦等。

位於桃園楊梅秀才窩的美麗池塘畫面，拍攝於1997年，是台灣萍蓬草及披針葉水蓑衣少數的原始生育環境之一。

假如冠果草生育的水田不再耕作的話，族群將被永久埋葬在土堆中而日益罕見。

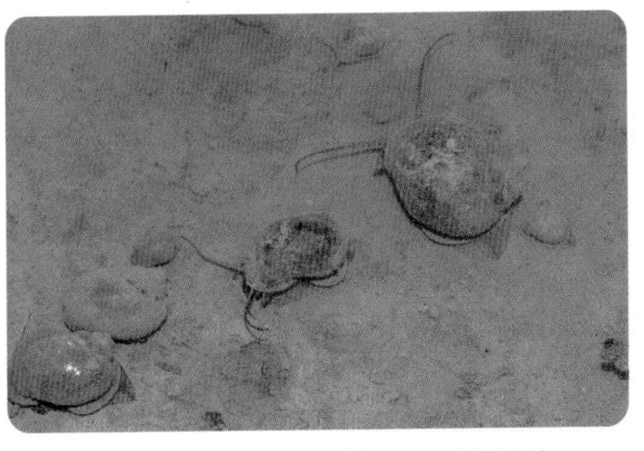

福壽螺的引進已造成台灣水生植物的空前浩劫。

這塊位於台中清水的水田，是台灣水蕹的原始產地。不過地主於2002年轉耕栽植蔬菜，導致台灣水蕹族群全數滅亡。

桃園楊梅秀才窩的池塘後來放養齒葉睡蓮，1999年更遭到全面填土，沼池生態就此結束。

粉綠狐尾藻看似美麗，其實是擁有強大侵略力的水生植物。

◎除草劑危害：

只要有農業栽培的地區，幾乎都會使用除草劑，對於水生植物的傷害可想而知。影響較深的物種包含有尼泊爾穀精草、水虎尾、窄葉澤瀉、水車前、冠果草及毛澤番椒等。

這處位於台北三芝鄉的窄葉澤瀉產地，每年農夫固定噴灑2~3回的除草劑，對於水生植物的傷害可想而知，圖中還是可見殘存的窄葉澤瀉存活下來。

◎溝渠水泥化：

風箱樹是一種良好的護堤植物，早期普遍見於蘭陽平原裡。不過它們主要生活的溝渠及河岸，也是工程單位經常建設的地方，台灣各地的溝渠或河道幾乎全面水泥化，導致風箱樹瀕臨滅絕。

同時溝渠原本也是多數沉水、浮葉及兩棲性物種的家，一旦生育地水泥化，族群將全面消失。目前面臨生存危機的物種有宜蘭冬山的無柄花石龍尾產地、宜蘭內城的水車前產地、桃園龍潭的桃園石龍尾產地及新竹市的柳絲藻產地等。

這條湧泉排水溝位於宜蘭冬山鄉，可能是無柄花石龍尾最後的自然產地，一旦溝渠開始建設，其命脈的維持將完全瓦解。

宜蘭冬山鄉的部分溝渠邊，還生育有風箱樹與穗花棋盤腳的混生族群，命脈的延展可能只能維持到下次工程建設的來臨。

◎水源污染：

許多水生植物的一生都離不開水域環境，一旦水源遭受污染，便無法存活。雖說台灣的水源污染日漸嚴重，但並不是全面性，還是有相當的空間得以讓各類水生植物生存繁衍。

沉水植物是環境指標生物，只有未受污染的場所才有族群蔓延，像圖中如此美麗的生態景緻是由圓葉節節菜構成，見於宜蘭冬山的湧泉排水溝裡。

◎湖沼陸地化：

一處擁有豐富水生植被景觀的湖沼區，必須具備許多條件，如周圍林相的完整、厚實的腐植土壤、鳥類的經常性遷移及水源注入的穩定性等。但是台灣的山地湖泊，面積都過於小型，所以一旦森林周圍的枯葉腐植質長期累積湖中的話，水域面積便會逐年縮小，而成為草澤型態，之後陸地植物侵入，結束了沼澤的生命期。

比方宜蘭的草埤在民國60年代以前，湖心的深水域還有浮葉植物蓴菜的身影。但是到了今天，草埤的中央水域早已覆滿了水生苔蘚及挺水植物，蓴菜消失無蹤，可見湖沼的陸地化，對水域植物的威脅是多麼嚴重。

海拔約750公尺的宜蘭草埤，數十年來湖沼快速陸化，導致蓴菜及數種沉水植物的消失。

2002年以前，這座位於桃園龍潭的野塘尚有絲葉石龍尾、水杉菜及小莕菜等小型珍稀植物的混生族群存在，如今因為水源短缺的快速陸化，由整池的纖房刺子莞與水毛花所取代。

◎人為過度採集：

多數喜愛野生植物的人，也同樣喜愛栽培它們，所以一些兼具美觀、稀有的物種，就成為大衆渴望採集的對象。比方民國60年代圓葉澤瀉發現的初期，尚有數百棵的族群，但是到了90年代的今天，恐怕剩餘不到十株的數量，隨時有滅絕的可能。

另一種可能因為人為採集消失的物種便是長距挖耳草。這種罕見的食蟲植物，一直處於狹隘分佈的狀況。數十年來僅知的產地位於新竹竹北沿海一帶的蓮花寺濕地，不過原本生育的面積就不足一坪大小，幾乎每次前往觀察便有挖掘痕跡，到了2003年之後族群便消失無蹤。

圓葉澤瀉的稀有身分，加上討喜的外觀，導致人為的過度採集，幾乎已完全滅絕。

長距挖耳草屬於珍稀物種，又是食蟲植物，人見人愛，也因此惹禍上身，野生族群幾乎被挖掘一空。

◎人為蓄意破壞：

品萍是一種沉水性浮萍科植物，台灣確定的產地僅有宜蘭員山鄉的水源地。然而到了1997年又再次於冬山鄉的湧泉廢魚池裡尋獲。興旺的族群繁衍到2000年夏季，爾後因地主毀滅性破壞，身影就此滅絕。

宜蘭雙連埤可說是台灣水生植物生育的經典產地，分佈當地的濕地植物超過百種，可說是台灣濕地環境中的瑰寶。像這麼一處原始沼澤，卻屬於私人產業，後來地主與保育團體的不良溝通，而展開一場毀滅性破壞，短短一年間便使得雙連埤長久以來建構的生態體系完全瓦解，數以萬計的黃花狸藻、絲葉石龍尾、野菱等水域植物消失殆盡，不僅如此，以往當地特產的紫背型蓴菜及小果菱也隨風而逝。

新竹蓮花寺濕地是一處知名的食蟲植物產地，在上端的停車場旁有塊面積不足兩坪大小的林下濕地，這裡是蔥草、長距挖耳草、點頭飄拂草及寬葉毛氈苔等十餘種珍稀濕地植物的家。不過這一處濕地卻於2007年初秋因軍方開路的影響而消失，連同下方的蓮花寺濕地也被軍方圍堵起來，成為靶場的預定地。

我認為台灣最為出色的兩處水生植物產地，便是雙連埤及蓮花寺濕地，它們原本都是保育團體爭相取得資金維護的最愛，之後都同樣遭受人為破壞而消失，這真是台灣濕地生態保育的歷史性創傷與悲哀。

蓮花寺濕地的門面，已由天羅地網般的鐵絲網所取代，台灣這麼重要的濕地卻毀在軍方的手裡。

這是品萍的自然生育狀況， 2000年夏季
遭受地主的摧毀而滅絕。

A Field Guide To Aquatic & Wetland Plants of Taiwan(Vol.1)

水生蕨類植物圖鑑

Aquatic &
Wetland Plants

台灣水韭

Isoetes taiwanensis

春季的挺水形態。

位於基部的孢子囊群。

科別：水韭科

形態特徵：

多年生挺水或沉水草本，高5~15 cm。葉叢生，線形。孢子囊生於葉基內側。

孢子成熟期：全年

分佈：台北陽明山的夢幻湖

生育環境：湖沼濕地

族群現況：稀有，特有種

重要紀事：

水韭科植物的分佈主要集中於北溫帶國家，南半球的紐西蘭至少也有兩種成員的存在。雖然水生植物的種子容易藉由候鳥的遷移傳播，迄今尚無其他國家有台灣水韭的發現紀錄，所以它依舊是台灣少數特有的水生植物之一。

夢幻湖海拔約850公尺，位於陽明山國家公園之中，底層結構為酸性泥炭土壤，非常適合水韭類植物的生活。但別以為台灣水韭離開了泥炭環境，便難以存活，其實並不盡然。像分佈於日本及中國大陸的水韭類植物，多生育在一般的水田環境，而紐西蘭的族群則繁衍在波濤洶湧湖畔邊的石礫土壤上，與夢幻湖柔和甜美的環境截然不同。

不過比起其他濕地植物，台灣水韭確實屬於競爭力薄弱的物種，容易導致族群的消失。還好生育地位於國家公園範圍內，只要經由人為控制強勢物種的入侵，族群生存便可無虞。在形態上，台灣水韭屬於水陸兩棲的物種，枯水期挺水生長，雨季到來時則沉沒水中生活，只是水上葉與沉水葉的變化不大。

種名*taiwanensis*為台灣之意，指的便是族群首先發現於台灣。

台灣水韭的自然生育景緻。

群生的族群。

有時植物體也會像這樣平貼生長。

金門水韭

Isoetes sp.

五月份的群生族群。

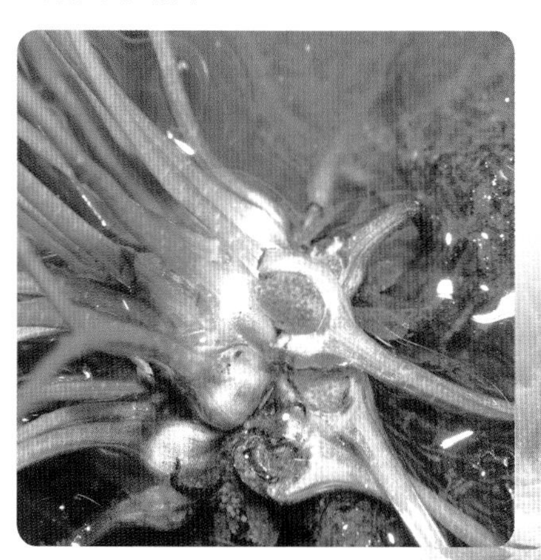

基部的孢子囊群。

- **科別**：水韭科
- **形態特徵**：

  多年生挺水或沉水草本，高5~12 cm。葉叢生，線形。孢子囊生於葉基內側。
- **孢子成熟期**：全年
- **分佈**：金門大武山區
- **生育環境**：岩層低窪聚水處
- **族群現況**：稀有

重要紀事：

話說民國80年晚春的一日，金門縣民陳西村先生於大武山區找尋藥草植物時，無意發現了一種水韭科植物，這是植物界的一大貢獻。

2007年秋季尾隨陳大哥的腳步親臨現場，我們攀越幾處陡峭的石壁，很難相信如此乾燥的環境，居然會有水韭類植物的分佈。金門水韭就生育在岩層四佈的低窪積水處，面積不足半坪大小，除非遇有雨季或颱風過境才有積水的可能，金門水韭便利用短短的時間完成其生活史。不巧的是我們蒞臨的時間，恰好是秋高氣爽的旱季，現場只能看到一層約五公分厚的腐植質乾土。

隔年春季再次蒞臨現場，金門水韭已成長得茂密動人，這都要歸功於農曆春節的一場大雨，讓這方枯竭的窪地得以滋潤，喚醒了休眠狀態的孢子而萌芽成長。至於它究竟怎麼來到這裡繁衍，應該是藉由水鳥的攜帶傳播，至於種源來自那一個國家，也需要進一步的探討。以它的形態看來，頗接近日本產的亞洲水韭 (*I. asiatica*)，但是它的植物體又特別小型，所以也有可能為全球首次發現的新物種。

大武山區的生育地現場。

現場沉水生活的形態。

金門水韭的全株模樣。

木賊

Equisetum ramosissimum

科別：木賊科

形態特徵：

多年生草本，具地下走莖，直立莖高30~70 cm，小葉多數，輪生於節上，孢子囊穗頂生，長1~1.5 cm。

孢子成熟期：全年

分佈：全台平地至中海拔山區

生育環境：溪床、潮濕路旁、濕地或水田邊

族群現況：常見

木賊的植物體是由許多莖節組成。

成熟的孢子囊果。

重要紀事：

在北溫帶國家當中，確實有數種水生木賊的分佈，例如產於日本北海道沼澤區的河生木賊(*E. fluviatile*)及沼生木賊(*E. palustre*)，或是歐美濕地環境的冬木賊(*E. hyemale*)等。

那麼台灣產的木賊究竟算不算是水生植物的一種呢？那就見仁見智了。這是因為它的生活面相廣泛，植物體能夠生活於海岸具有鹽分的乾旱路旁，也見於酸性的泥沼環境，然而主要族群又多見於濕潤的溪床邊，而且浸泡水中一樣可以展現水生特質的膨大莖節，所以才將它列入本書中介紹。種名*ramosissimum*為極多枝之意，指的便是植物體分枝的模樣。

另一種俗稱「過貓」的野菜是鱗毛蕨科的過溝菜蕨(*Diplazium esculentum*)，生長特性也介於陸地與濕地植物之間，族群經常見於溝邊或水澤環境，同樣屬於廣義性的濕生物種。種名*esculentum*便是可以食用之意。

生長於水田邊的過溝菜蕨族群。

過溝菜蕨的羽狀葉片。

過溝菜蕨的細嫩捲葉，為知名的食用野菜「過貓」。

挺水生活的木賊族群。

分株假紫萁

Osmunda cinnamomea

孢子葉與營養葉同時於春季展開。

◈**科別**：紫萁科

◈**別稱**：假紫萁

◈**形態特徵**：

多年生挺水草本，高40~100 cm。葉片叢生，羽狀排列，小葉8~10 cm長。孢子囊圓形，生於葉背。

◈**孢子成熟期**：3~4月

◈**分佈**：東北部山區

◈**生育環境**：中海拔湖沼濕地

◈**族群現況**：稀有

◈**重要紀事**：

初次見到分株假紫萁是在宜蘭員山鄉的草埤，這裡生育著穩定的族群數量。爾後又陸續於境內的雙連埤、坔埤及大同鄉的加羅湖群中發現，分佈海拔多介於500至2200公尺間，為典型的溫帶系統沼生植物。

它的生活史充滿了變化，一般來說分株假紫萁為多年生植物，到了秋冬季節，植物體的葉片陸續枯萎，進入休眠狀態，來年春天先行長出孢子葉或與營養葉同時成長，之後才逐漸長出平常翠綠的葉片。

春天的3至5月之間，是觀察分株假紫萁的最佳季節，如果錯失了機會，便需要等待隔年，才有機會見到它那富於變化的孢子葉成長過程。除了台灣以外，亦普遍見於北半球溫帶山區的泥炭沼澤中。種名*cinnamomea*為肉桂色之意，指的便是孢子葉的模樣，介於淡棕色混合黃紅兩色的組合。

鐵鏽色孢子密生於葉背。

春季稚嫩的叢生族群。

這是新長出的孢子葉模樣。

夏季成熟的植物體風貌。

日本鱗始蕨

Lindsaea odorata var. *japonica*

日本鱗始蕨的植物體雖為岩生性，雨季來臨時亦能沉於水中生活。

- **科別**：鱗始蕨科
- **別稱**：芳香鱗始蕨
- **形態特徵**：

  多年生岩生草本，高2~5 cm。葉互生，斜三角狀，長5~8 mm，寬2~5 mm。孢子囊群生於葉背先端。
- **孢子成熟期**：全年
- **分佈**：全台山區
- **生育環境**：林下溪旁之岩石上
- **族群現況**：不常見

重要紀事：

一般我們普遍認識的水生植物環境，多為陽性沼澤、湖泊、水田或池塘之類的場所，但是有些物種的生活形態就顯得與眾不同，像僅見於山區有水滴落濕岩壁的圓葉挖耳草，或始終附著在岩石上生活的日本鱗始蕨等。

日本鱗始蕨可說是台灣山林植物中的溪生代表，它的族群只會聚生在林下小溪澗兩旁的石塊上，厭惡陽光的直接照射。生活習性與石菖蒲及三叉葉星蕨雷同，但岩生的執著性更加強烈，亦能沉水生長。

也因為習性特殊，平常難得看到其身影。想要一睹它的特殊風采，必須進入山林水源清澈的林下小溪，才有機會找到，如台北汐止、新竹關西或屏東里龍山等地，族群散見於全台山區，並不是常見植物。變種名*japonica*為日本之意，表示它首先發現於日本群島。

另外值得一提的是，同樣喜愛生活在林下環境的錫蘭七指蕨(*Helminthostachys zeylanica*)，隸屬於瓶耳小草科成員。它為熱帶植物，台灣的分佈狹隘，屬於難得一見的稀有植物，族群主要生活於蘭嶼天池邊緣的泥炭土壤裡，這裡也把它當成濕生蕨類看待。種名*zeylanica*為錫蘭之意，指的便是模式標本發現於現今的斯里蘭卡。

日本鱗始蕨為迷你型的蕨類植物，葉片為斜三角狀。

葉背先端略為膜質。

長出孢子葉的錫蘭七指蕨。

錫蘭七指蕨就生活在蘭嶼天池邊緣的泥炭土環境裡。

台北汐止林下溪流的生育環境。

鹵蕨

Acrostichum aureum

- **科別**：鳳尾蕨科
- **別稱**：卤蕨、金黃鹵蕨
- **形態特徵**：

  多年生草本，高40~150 cm。葉羽狀排列。

  孢子囊群密生於老葉先端；孢子褐色。
- **孢子成熟期**：全年
- **分佈**：花蓮富里、屏東恆春半島
- **生育環境**：海岸濕坡地及泥火山濕地
- **族群現況**：稀有

位於恆春半島東南面海岸的族群，多與林投一起伴生。

葉背佈滿了鐵銹色的成熟孢子。

重要紀事：

熱帶亞洲的河口及沿海濕地，為鹵蕨主要的分佈範圍，屬於紅樹林植物的成員之一。然而台灣類似的環境卻毫無鹵蕨的蹤影，族群反而生育在海岸坡地及泥火山處，算是比較特殊的分佈情況。

譬如恆春半島東南海岸沿途，就有幾處坡地滲水環境，生育著數個鹵蕨族群，並混生在林投叢間。而位於花蓮富里的族群，則見於泥火山旁的溝渠及周圍水濕環境裡。

個人推測亞洲產的鹵蕨族群裡，至少包含三個物種以上，這不含已知的尖葉鹵蕨(*A. speciosum*) 在內。台灣產的應該也不是鹵蕨(*A. aureum*) 這個物種；因為在東南亞國家所發現的鹵蕨體型高大，一般介於1.5至2.5公尺間，台灣則低於1.5公尺以下，而且葉片的排列組成也有所不同。

其他的差異處還包含，台灣的鹵蕨嫩葉可口的令人稱奇，然而東南亞國家產的則帶有濃厚苦味，難以下嚥，如泰國、馬來西亞、斯里蘭卡及印尼許多島嶼產者皆是如此。目前觀察得知，台灣這種形態的鹵蕨族群，見於日本的琉球群島、中國廣東及海南島。另外本種也經常被分類在鐵線蕨科之中或獨立為鹵蕨科。種名*aureum*為金黃色之意，指的便是孢子葉成熟後的模樣。

生活在溝邊的鹵蕨族群。

本種的葉片相當大型。

台灣產鹵蕨之嫩葉味美可口。

水蕨

Ceratopteris thalictroides

科別：鳳尾蕨科

別稱：松草水蕨

形態特徵：

一年或多年生挺水、沉水以及漂浮草本，高15~40 cm。葉多變化，羽狀複葉。孢子囊生於孢子葉之反捲葉內。

孢子成熟期：全年

分佈：全台低山至平原

生育環境：水田、池塘、湖沼、溝渠

族群現況：常見

孢子葉的挺水形態，見於屏東佳平溪流域。

湍急水域裡的沉水族群。

重要紀事：

只要觀察過水蕨的愛好者，應該都有過類似的疑惑，夏季粗壯的挺水形態、闊葉的群生幼株、柔順的沉水葉、漂浮水表的族群，或其他成長過程中的營養葉及孢子葉的多重變化模樣，難道它們都是屬於同一種植物嗎？

的確，水蕨是一種隨著季節與環境而改變形態的兩棲性物種。葉形區分成寬闊的營養葉以及細長尖銳的孢子葉。但是不管形態如何的改變，只要植物體的葉片與水接觸後，便會在表皮無數的芽點上，長出眾多的新生苗，所以族群便包含了挺水、沉水及漂浮等多重形態。

除了擁有豐富的生態面相以外，亦是知名的野菜。同時沉水葉片大型優美，早已享譽水族市場多年。在分類上，也經常被獨立成水蕨科。族群遍佈全台，屬於常見的水生蕨類。種名*thalictroides*為像唐松草之意，指的便是它針狀型的葉片模樣。

營養葉的挺水模樣。

漂浮水表的沉水葉形態。

群生的幼體柔順美麗。

三叉葉星蕨

Microsorium pteropus

- **科別**：水龍骨科
- **別稱**：翅柄葉星蕨、鐵皇冠
- **形態特徵**：

  多年生挺水或沉水草本，高15~25 cm，具有匍匐根莖。葉單一或三叉分裂。孢子囊圓形，生於葉背。
- **孢子成熟期**：全年
- **分佈**：全台低海拔山區
- **生育環境**：林下小溪流旁的石塊上
- **族群現況**：不常見

本種為林下生活的溪澗植物。

自然生育的族群經常半沉浸於水中生活。

重要紀事：

在尚未深入探詢原生水草以前，就曾經在水族館中購得一種名為「鐵皇冠」的沉水植物，它正是三叉葉星蕨，並不是舶來品，台灣的山林裡也有分佈。種名*pteropus*為翅柄之意，指的便是它基部具翅的葉柄模樣。

這種蕨類的生育環境特殊，通常見於山區密林下清澈小溪旁的石塊上，算是典型的溪生植物。以宜蘭崙埤村附近林下小溪的生育現場來說，植物體多附生在濕潤石塊上，亦有部份族群沉浸於流水中，沉水葉的發展良好。台灣這類蔭性水生物種，還包含有石菖蒲及日本鱗始蕨，三者偶爾也會混生在一起。

一般來說，三叉葉星蕨的分佈廣泛，族群卻十分零星，這一點與石菖蒲或日本鱗始蕨的情況完全雷同。就族群數量來說，北部及東北部的濕潤山區裡，較容易見到身影，如宜蘭大同鄉或台北新店等多處地點。另外在北濱公路沿途的林下溪流也可見其身影。

族群通常群生在流水邊。

生活在宜蘭崙埤村附近溪流的群生族群。

葉背新長出的孢子囊群。

毛蕨

Cyclosorus interruptus

- **科別**：金星蕨科
- **別稱**：鐵毛蕨
- **形態特徵**：

  多年生挺水草本，具匍匐莖。葉羽狀排列，小葉長披針形，互生，深齒緣。孢子囊呈V字排列於葉背邊緣。
- **孢子成熟期**：全年
- **分佈**：全台中低海拔至平原
- **族群現況**：不常見

生活於烈陽下的模樣。

- **重要紀事**：

屬於濕地生蕨類當中，毛蕨算是頂尖的競爭高手，至少在許多濕地扮演的角色確實如此。我們可以在宜蘭草埤及雙連埤或新竹蓮花寺濕地裡，見到其族群夾生在李氏禾、鋪地鼠、荸薺、柳葉箬或水毛花等頑強植物的群落間，卻依然能夠蔓延出龐大的族群數量，可見生命力的旺盛。

平常植物體只能半浸泡水裡，無法如同三叉葉星蕨或水蕨一樣，長出真正的沉水葉來適應水中生活。族群全台可見，卻不是常見的植物，離島蘭嶼、綠島及金門地區亦有普遍分佈。種名*interruptus*為間斷之意，指的便是葉背的孢子排列看似銜接一起，其實是間斷的模樣。

葉背邊緣的孢子囊群排列模樣。

在候鳥遷移地帶的中國及日本方面，類似毛蕨生活的濕地生蕨類，還包含有近親的沼澤蕨(*Thelypteris palustris*)以及球子蕨科的球子蕨(*Onoclea sensiblis*)；前者的葉片較為纖細，後者葉片深裂型。它們將來都有機會藉由候鳥的攜帶傳播來台定居。

羽狀排列的葉片。

毛蕨群生的族群，見於金門田埔濕地。

新葉成長的過程。

田字草

Marsilea minuta

田字草的十字型葉片組合宛如「田」字而得名。

- **科別**：田字草科
- **別稱**：小果田字草、南國田字草
- **形態特徵**：

  多年生挺水或浮葉草本，高5~15 cm，匍匐走莖蔓延快速。葉十字對生，線形，單片扇形，長1.5 cm。孢子果生於葉柄基部。
- **孢子成熟期**：全年
- **分佈**：全台低平原地區
- **生育環境**：水田、溝旁或沼澤地
- **族群現況**：不常見

重要紀事：

在台灣的蕨類植物當中，田字草的形態變化算是比較多樣化的一種。平常以地下走莖挺水生活，十字型葉片組合宛如中文的「田」字而得名。也因為外形頗類似酢醬草科植物，所以也有「水生幸運草」之稱。

一旦水位上揚時，田字草的葉片便會浮貼水表生活，水下則會發展出小型的沉水葉片，所以在家族形態的分類上，我們可以將田字草當成挺水或浮葉植物看待。種名*minuta*為細微或微小之意，指的應該是迷你型的孢子果模樣。

田字草到了夜晚或陰天時，會將葉片往上豎立摺疊一起。雖說它的繁殖能力驚人，野生族群的分佈卻不是那麼普及。重要產地包含有台北雙溪、桃園龍潭、苗栗銅鑼、台南南化、台東蘭嶼及屏東社頂公園等。另外在日本及中國地區亦分佈有四葉蘋 (*M. quadrifolia*)及鈍齒蘋(*M. crenata*)，彼此形態幾乎一個模樣，說不定台灣產的田字草族群裡，早已摻雜了它們的族群。

野生族群可見於苗栗銅鑼的水田環境。

小型的孢子果。

浮葉生活的形態。

這麼龐大的野生族群，日漸罕見。

群生的挺水族群。

槐葉蘋

Salvinia natans

科別：槐葉蘋科

別稱：漂浮槐葉蘋

形態特徵：

一年或多年生漂浮草本，水上葉對生，長橢圓形，長1~1.5 cm；水下葉變態成鬚根狀，孢子果球形，聚生於水下葉基部。

孢子成熟期：夏~秋季

分佈：北部低山區

生育環境：水田

族群現況：瀕臨滅絕

槐葉蘋的浮水形態，見於台北貢寮鄉。

歸化於宜蘭員山池塘及水田裡的人厭槐葉蘋族群。

重要紀事：

民國86年夏天前往貢寮山區調查水生植物資源時，發現一處隱密的水澤環境。正當步行查看之際，草叢裡突然來了條兇惡的野狗，便一路跑進前方茭白筍田裡躲藏，於是就這麼發現了槐葉蘋的身影。

野狗狂吠聲引來地主關懷，我表明來意便問起地主槐葉蘋的由來，原來這種瀕危的水生蕨類，自生當地長達六十年以上時間，應可確定是野生族群。很擔心槐葉蘋的安危，便又問：「會清除這些植物嗎？」阿伯卻滿臉狐疑回答：「田中水草可以充當綠肥，為什麼要用除草劑殺害它們？」只要他還健在的一天，就不會轉耕或廢耕。得到理想答案之後，真希望這位地主可以活到天長地久，那麼台灣唯一的一處野生槐葉蘋產地，便能夠永久保存下來。

2009年春天又回到現場查看，族群依舊平穩繁衍當地，並與水域中的有尾簀藻、圓葉節節菜、微果草及擬紫蘇草混棲一起生活。至於槐葉蘋的生態屬於無根性植物，水下根狀物其實是它的變態沉水葉，扮演根的功能。種名*natans*為漂浮之意，指的便是它植物體的生活模式。

另外還有一種來自南美洲的人厭槐葉蘋(*Salvinia molesta*)，也少量歸化於全台的池塘與水澤環境之中。植物體大型許多，葉片容易反內捲，槐葉蘋則無此特色。

2009年春季最新的族群面貌。

葉表上佈滿了白色纖毛。

水下根狀的沉水葉。

日本滿江紅
Azolla japonica

科別：滿江紅科
別稱：漂浮槐葉蘋
形態特徵：
一年或多年生漂浮草本，直徑約1~2 cm，葉互生如鱗片般重疊一起，孢子果生於水下裂片上。
孢子成熟期：夏~秋季
分佈：全台低山至平原
生育環境：水田、池塘或溝渠
族群現況：常見

重要紀事：

滿江紅屬植物在全世界總共約十餘種，台灣分佈有羽葉滿江紅及日本滿江紅兩種。探詢水生植物這麼多年來，發現本種的族群數量，遠比羽葉滿江紅龐大許多。但是如此普及的物種，卻在『台灣植物誌』或其他相關性的學術書籍裡付之闕如，讓人深感不解。

兩者的形態看似一致，只要用些心思觀察，彼此間的差異還是頗為懸殊，其區別如下：日本滿江紅的葉片如鱗片般重疊一起；而羽葉滿江紅則無此特徵。種名*japonica*為日本之意。

日本滿江紅原先為日本固有植物，如今卻靠著水鳥攜帶傳播來台定居，並於南投埔里的茭白筍田及台南官田的菱角田裡大量繁衍，這也證明水生植物通常難有固有種存在的道理。至於日本滿江紅的色彩轉變更劇烈，幾乎全年都能見到鮮紅的族群，不一定和羽葉滿江紅一樣，比較侷限於秋冬兩季變色。

植物體轉紅的模樣。

平貼地表生長的形態。

滿田映紅族群，見於宜蘭羅東的水稻田裡

平常漂浮水面的族群。

葉如鱗片般緊密重疊一起。

羽葉滿江紅

Azolla pinnata

科別：滿江紅科

別稱：滿江紅

形態特徵：

一年或多年生漂浮草本，直徑約1~2 cm，葉互生，無重疊，孢子果生於水下裂片上。

孢子成熟期：夏~秋季

分佈：全台中海拔至平原

生育環境：水田、池塘、溝渠、湖沼

族群現況：稀有

重要紀事：

台灣漂浮於水面生長的蕨類，主要有槐葉蘋、日本滿江紅及羽葉滿江紅，並以日本滿江紅的族群數量最為常見，羽葉滿江紅次之，槐葉蘋則屬於瀕危物種。

日本方面的植物文獻，多將本種鑑定為疊鱗滿江紅(*A. imbricata*)，曾於中國大陸許多省份見過疊鱗滿江紅，確實與台灣產者有別，至於學術鑑定的錯誤，究竟是發生於台灣、日本還是中國大陸，尚待釐清。不過種名*pinnata*為羽狀的，而*imbricata*則指疊鱗狀的意思，依形態來判定，台灣產者應為羽葉滿江紅無誤。

目前羽葉滿江紅的穩定族群，見於宜蘭神秘湖、台北雙溪的水田、南投蓮華池濕地、屏東滿州的沼澤地及台東蘭嶼的水芋田裡。不過近幾年來，族群日漸稀少，原有生育環境，幾乎全由日本滿江紅取代。

成長過程中的群生模樣。

背面的形態。

群生在台北和美水田中的族群。

平常的植物體翠綠。

本種的鱗葉無明顯重疊的跡象。

A Field Guide To Aquatic & Wetland Plants of Taiwan(Vol.1)

水生雙子葉植物圖鑑

Aquatic & Wetland Plants

水社柳

Salix kusanoi

科別：楊柳科

形態特徵：

落葉性小喬木。葉披針形，長5~15 cm，寬2.5~4 cm，背密生絨毛，有柄。葇荑花序頂生，花單性，黃色，雄蕊4枚。蒴果紡錘形。

花期：2~4月

分佈：全台山區

生育環境：湖沼濕地

族群現況：稀有，特有種

重要紀事：

南投日月潭沼澤區是水社柳最初的發現產地，隨著日據時代的水庫興建，族群早已消失無蹤。目前主要芳蹤見於宜蘭縣境內的湖沼區環境，如雙連埤、草埤、神秘湖及雷公埤等地，還有穩定的族群分佈。

至於恆春半島的族群，葉片絨毛甚少，或許因為地處熱帶環境的關係，嫩葉已無需絨毛的保護，漸漸演化出獨特的形態。不過這種沼生性質的水生柳樹，是否真為台灣的特有物種，有待進一步探討。

就原生的四種水生柳樹來說，水社柳枝幹最為脆弱，樹皮的灰白色彩也特別強烈。生長緩慢，結實率卻達百分之百，而且種子掉落遇水後，會在短短一週內萌芽成長，繁殖能力之強悍，讓人難以置信它的野外族群會如此稀少。

其他近似的托葉水柳及光葉水柳，果實就顯得稀疏許多。水社柳的其它特色還包含了嫩葉密生絨毛，托葉水柳也具有類似形態，只是成長過程中，托葉水柳的葉片會逐漸轉為光滑，而水社柳的老葉則依舊有被毛的感覺。種名*kusanoi*草野氏是人名的稱呼。

宜蘭雙連埤溝岸邊的水社柳族群。

鮮黃花朵綻放於早春。

成熟老葉的模樣。

新生的葉片密生絨毛。

蒴果成熟裂開後，帶有棉絮的種子，隨風四處飄浮傳播。

恆春半島的族群，鮮有絨毛的存在。

春季見於宜蘭草埤的身影。

水柳

Salix warburgii

科別：楊柳科

形態特徵：

落葉性小喬木。葉倒卵形或線狀披針形，長4~13 cm，寬2~3.5 cm，背銀白色，有柄。葇荑花序頂生，花單性，黃色，雄蕊4枚，蒴果紡錘形。

花期：12~2月

分佈：全台平地至山區

生育環境：田埂、溪床、池畔及湖沼濕地

族群現況：常見

重要紀事：

分佈在中國及日本的水生柳樹至少有50種，台灣文獻卻僅有兩種的記載，然而野外環境至少有四種成員的存在。

水柳可說是鄉野裡衆所周知的樹木之一，台灣的水澤環境少不了它的身影。早期遍及蘭陽平原所有的灌溉溝渠旁，並與風箱樹、光滑饅頭果及穗花棋盤腳同為絕佳的護堤植物，彼此經常混生在一起。如今田野雖然難得看到密集繁盛的景緻，卻依舊屬於常見物種。

水柳的葉片為台灣黃斑蛺蝶及紅擬豹斑蝶重要的食草來源，相同生態也發生在其他水生柳樹身上。鑑定依據在於以下特徵，新芽色彩鮮紅，葉背呈現銀白色彩，其他同屬成員則無此特色。種名*warburgii*瓦伯基為德國一個小鎮地名。

葉片與雄花序。

成長中的果實。

正產卵於水柳嫩芽的紅擬豹斑蝶。

葉背獨特的銀白色彩。

生活在池邊的身影。

生長於宜蘭員山水田環境的全株模樣。

光葉水柳
Salix sp.

科別：楊柳科
形態特徵：
落葉性喬木。葉披針形，長6~12 cm，寬1.8~3 cm，背無毛，黃綠色，有柄。葇荑花序頂生，花單性，黃色，雄蕊4枚。蒴果紡錘形。
花期：2~3月
分佈：花東及恆春半島
生育環境：田埂、溪床及廢耕田濕地
族群現況：稀有

重要紀事：
光葉水柳的樹型與質感和常見的水柳十分接近，它的枝條較水社柳及托葉水社柳強硬許多，葉背非銀白色彩，可與水柳進行區隔，主要特徵在於嫩芽光滑無毛，易與托葉水柳的近似葉片區別。

光葉水柳的結實能力，無法比擬水社柳及水柳，卻比托葉水柳的難得授粉要強上許多。族群分佈主要見於花東兩縣及恆春半島，產地如花蓮吉安、壽豐、光復及鳳林等鄉鎮境內，恆春半島的族群則見於牡丹鄉的澤地裡。

以結實正常的情況看來，光葉水柳非雜交物種，至於真正的身分如何，也就需要更進一步的探討了。它的葉片如同水柳一樣，是紅擬豹斑蝶及台灣黃斑蛺蝶的重要寄主植物。

平常葉片的模樣。

葇荑花序見於早春。

台灣黃斑蛺蝶與它的關係親密。

葉背綠色。

頂芽光滑無毛。

生長在恆春半島牡丹鄉澤地裡的身影。

托葉水柳

Salix sp.

科別：楊柳科
別稱：擬水社柳
形態特徵：
落葉性喬木，枝條佈托葉。葉披針形，長6~16.5 cm，寬1.8~4.5 cm，黃綠色，有柄。葇荑花序頂生，花單性，黃色，雄蕊4枚。蒴果紡錘形。
花期：2~4月
分佈：全台平地至山區
生育環境：田埂、溝岸及廢耕田濕地
族群現況：稀有

重要紀事：

就樹型而言，托葉水柳的優美姿態令人動容。形態介於水柳與水社柳之間，全台皆有分佈，族群卻十分零星，身影主要見於蘭陽平原及西部地區。

它的幼葉雖然密生絨毛，成長過程中會逐漸消褪，而近似種「水社柳」的老葉，卻依舊有被毛的感覺，還不難區別。再來，本種難得結實，重點辨識在於枝條上，會形成小型的波浪狀托葉，這是台灣其他水生柳樹所沒有的獨門特徵。

另外在金門島上的濕地及水庫邊，經常可見一種亦有波浪狀托葉的近似物種存在，然而葉背卻是銀白色彩，有可能是水柳與某種柳樹的雜交後代也說不一定，中名暫定為「銀背托葉水柳」(*Salix* sp.)。所有的水生柳樹均成長快速，樹皮厚實，是蘭科植物著生的絕佳樹種，只要花些巧思運用，園藝造景便能增添幾分自然色彩。

嫩葉被毛明顯。

金黃的葇荑花序。

本種的樹皮厚實，是蘭科植物著生的好對象。

枝條上的波浪狀托葉。

葉片形態近似水社柳。

生長在宜蘭壯圍溝岸邊的身影。

銀背托葉水柳的葉背銀白。

銀背托葉水柳的葉片形態。

五蕊石薯

Gonostegia pentandra

科別：蕁麻科

形態特徵：

多年生草本，葉披針形，長4~6 cm，寬5~9 mm，通常上部互生，下部對生，先端漸尖。花簇生於葉腋，綠黃色。

花期：全年

分佈：花東平地至山區

生育環境：溝岸邊

族群現況：稀有

重要紀事：

許多年前，前往花蓮富里鄉拍攝馬來眼子菜，族群就生活在一條流水量強勁的大型河道裡。觀察過程中，也見到一種葉形長相近似水莧菜屬的植物，生長在河道兩旁的石縫間，植物體半浸泡在湍急的流水裡，它就是「五蕊石薯」。

當時推斷這種植物應該只是偶爾生活在水澤邊，許多蕁麻科植物都有這樣的親水習性，並沒有將它當成水生植物看待。直到近期，前往海南島探詢濕地植被生態，才恍然大悟，原來五蕊石薯是一種喜愛生活在溝岸邊流水處或濕地上的植物。

回頭再仔細調查台灣的族群生育模式，也確實如此，才明白蕁麻科植物裡，還是有水生成員的存在。其特色在於植物體先端的葉片通常互生，下部則為對生形態。另外在台東沿海所觀察的族群特別迷你袖珍，而一般生活於溝渠水流環境的身影則呈現粗壯形態。

種名*pentandra*為五蕊之意，指的便是雄蕊的模樣。

親水族群可見於花蓮富里。

海濱水濕處的族群迷你袖珍。

生活在流水環境的粗壯族群。

對生葉莖上的雄花與雌花。

互生葉莖上的雄花與雌花。

毛蓼

Polygonum barbatum

科別：蓼科

別稱：鬃毛蓼

形態特徵：

多年生挺水草本，高40~160 cm。葉互生，長披針形，長7~20 cm，寬2.5~4cm，剛毛比鞘長，有柄。穗狀花序頂生，花白色，雄蕊6~8枚。瘦果黑色，三角狀，長2.2 mm。

花期：全年

分佈：全台平地至山區

生育環境：水田、溝旁、池塘或各類水濕環境

族群現況：常見

重要紀事：

在雙子葉植物家族中，蓼科的濕地生成員算是一個龐大的團隊，台灣產近三十種。要如何在這麼多近似種中，一眼辨識出彼此的身份，其實並非那麼容易。

毛蓼的特色在於托葉鞘先端剛毛比鞘長，也因而得名。種名*barbatum*便是具有長鬃毛之意。除此之外，它的植物體算是比較粗壯的類型，花朵卻十分細小。一般為白花帶有極淡的綠色，偶爾也會開出粉紅或紅色的花朵，只是這樣的色彩難得碰到。

葉片在成長過程中有明顯的V字黑紋，爾後才會逐漸消褪。幼苗階段經常保持紫紅色彩，十分俏麗。族群全台普遍可見，離島的蘭嶼、綠島、龜山島、澎湖群島、馬祖及金門地區皆有分佈。

生長於水池邊的開花族群。

白色小花密集綻放。

植物體先端佈有長剛毛。

夏季型的葉片形態。

幼株通常帶有紫紅色彩。

早春見於宜蘭頭城水澤地的身影。

雙凸戟葉蓼

Polygonum biconvexum

科別：蓼科
別稱：髮毛蓼
形態特徵：
多年生挺水草本，高30~120 cm。葉互生，戟形，長3~8 cm，寬2~5.5 cm，有柄。頭狀花序頂生，花先端紫紅或白色，雄蕊5枚。瘦果卵形，綠色，長4 mm。
花期：全年
分佈：全台山區
生育環境：路旁、林緣邊或湖沼濕地
族群現況：常見

重要紀事：

新版的『中國植物誌』中，將台灣產的「戟葉蓼」訂正為雙凸戟葉蓼(*P. biconvexum*)，而近似的戟葉蓼 (*P. thunbergii*)不產於台灣。的確，曾於日本湖沼區見過真正的戟葉蓼，確實與台灣產者有別，台灣族群應為雙凸戟葉蓼才對。

雙凸戟葉蓼的多數族群生活於森林下層或路旁的潮溼處，給人的感覺好像比較偏向於陸地生植物。但是台灣只要是海拔高度介於500至3000公尺間的湖沼區或濕地環境，多有群生族群存在，所以這裡還是將它列為水生成員看待較妥當。

它的葉片形態如同一面盾牌，表層粗糙，容易識別。花色的變化極大，同一族群裡，就能同時產生潔白、粉紅或紫紅的色彩。蓼科植物的花瓣退化，花朵是由花被組成。種名*biconvexum*為兩面凸之意，指的便是瘦果的形態。

新生葉片黑紋明顯。

挺直成長的模樣。

烈陽下生活的葉片模樣，春蜓停棲其間。

粉紅花系。

潔白花系。

這是日本產的戟葉蓼，葉片的被毛稀疏。

生活於宜蘭松羅湖畔的族群。

櫻蓼

Polygonum conspicuum

科別：蓼科

別稱：顯花蓼

形態特徵：

多年生挺水草本，具地下蔓延匍匐莖。葉互生，披針形，長7~15 cm，寬1~2 cm，有柄。總狀花序呈穗狀，花粉紅、白或先端紫紅，雄蕊8枚。瘦果黑色，無光澤。

花期：7~11月

分佈：北部低山區

生育環境：水田邊或濕地中

族群現況：可能已滅絕

湖北省產櫻蓼族群的綻放花朵。

日本產族群的花序展現。

重要紀事：

櫻蓼長相近似蠶繭草，新版『中國植物誌』將本種改成蠶繭草的變種「顯花蓼」(*Polygonum japonicum* var. *conspicuum*)。但就個人對於櫻蓼生態的了解，櫻蓼和蠶繭草實屬不同物種，應該個別獨立才對。櫻蓼的生活習性，通常於秋天花期過後進入休眠狀態，然而蠶繭草於嚴冬期間依舊能夠繼續成長開花，幾乎無越冬情況發生。再來，本種的花朵稍大些，也較為展開，才有「顯花蓼」的別稱。

種名*conspicuum*便是明顯易見之意。它的花粉紅，像極了櫻花盛開的模樣，採用「櫻蓼」的名稱十分貼切。

根據『台灣植物誌』裡的記載，櫻蓼曾分佈於台北、新竹及嘉義地區，但是勘查幾份台大標本館的採集品，都是蠶繭草的誤訂，台灣是否真有櫻蓼的分佈，難以判定，至少多年來探詢水生植物迄今，從未在野地裡見過其蹤影，這裡的圖片拍攝於中國湖北省及日本產的族群。

生活在中國湖北省鄉野裡的櫻蓼族群。

湖北省產族群的春季模樣。

日本產族群的春季形態。

水紅骨蛇

Polygonum dichotomum

科別：蓼科

別稱：二歧蓼

形態特徵：

多年生挺水或沉水草本，莖匍匐生長。葉子互生，披針形，長6~12 cm，寬1.5~3 cm，基部戟形，有柄。頭狀花序頂生，花白或紅色，雄蕊5枚。瘦果黑色，倒卵形，長2.5 mm。

花期：5~12月

分佈：全台山區至平原地帶

生育環境：廢耕水田、池畔、溝邊、湖沼或路旁潮濕處

族群現況：常見

重要紀事：

水紅骨蛇算是比較偏山區性分佈的蓼屬植物，身影全台普遍可見；尤其在台北雙溪至貢寮及宜蘭的雙連埤一帶，棲生著龐大的族群數量。

這種植物的葉形變化多端，與細葉雀翹難以區別，彼此分別的重點在於，本種的頭狀花序密生小花；而細葉雀翹的花朵疏生，且在頭狀花序下方0.5~1公分之處，又會長出一朵花，水紅骨蛇就無此特徵。種名*dichotomum*為雙叉或二分歧之意，指的便是花序的展現。

它的生活面相廣泛，族群不一定見於水澤環境，有時在森林下層也頗為常見。不管如何，水紅骨蛇的嗜水性強烈，經常挺水或完全沉浸於流水中生活，沉水葉由綠轉紅，花色以粉紅或白色為主。每當到了深秋季節，成千上萬的紫紅小花同時齊放的美麗景緻，令人難忘。

親水的生活模樣。

由白色花朵形成的花序形態。

宜蘭雙連埤的族群混生在黃花狸藻間。

見於宜蘭南澳神秘湖的身影。

粉紅的花朵。

生活於苗栗銅鑼池畔邊的族群。

紅辣蓼

Polygonum glabrum

科別：蓼科

別稱：光蓼

形態特徵：

多年生挺水草本，高50~150 cm，莖佈紅斑。葉互生，長披針形，長13~20 cm，寬3~4 cm，有柄。穗狀花序頂生，花粉紅色，雄蕊5~7枚。瘦果扁卵圓形，黑色，長2.5 mm。

花期：8~12月

分佈：全台山區至平原

生育環境：溝邊、池畔、廢耕水田或水庫邊

族群現況：常見

重要紀事：

有一年秋季前往宜蘭梅花湖拍攝蝶類生態，無意間在湖畔邊見到成群的紅辣蓼族群，正綻放著無數粉紅花朵，那種繁盛熱鬧的景緻，令人心曠神怡。隨後的行程又於台北內湖、桃園石門水庫、南投鯉魚潭、嘉義蘭潭水庫、台南白河水庫、高雄澄清湖、屏東龍鑾潭、台東大坡池及金門太湖等濕地環境，見到同樣場景，可見紅辣蓼是一種適宜深水位環境生活的蓼屬成員。

的確，在蓼科植物裡的多年生物種當中，擁有粗壯莖節就只有絨毛蓼、假絨毛蓼及紅辣蓼。它們都是水庫、池塘或湖泊邊緣深水域的精英份子，能夠蔓延甚長的莖節以調適水位漲退的變化。

紅辣蓼的全株無毛，種名*glabrum*便是光滑之意，正確名稱應為「光蓼」才對。不過它紅色花開的形態，如同辣椒成熟模樣，採用「紅辣蓼」也無不當之處。植物體具有藥用功能，像在蘭陽地區的鄉村便普遍栽培。

鮮明的粉紅花朵。

開花的形態。

生長在宜蘭梅花湖畔的族群。

長披針形的葉片。

柄的基部佈有紅紋。

植物體適宜水庫環境的生活。

長箭葉蓼

Polygonum hastato-sagittatum

科別：蓼科

形態特徵：

多年生挺水草本，莖匍匐生長，有稜。葉互生，披針形，長4~6.5 cm，寬1~1.5 cm，有柄。頭狀花序頂生，花白或粉紅色，雄蕊5枚。瘦果黑色，3稜，長3 mm

花期：全年

分佈：北部低山區

生育環境：廢耕水田或池畔

族群現況：稀有

野生族群見於桃園龍潭的沼池畔。

白中帶紫的花朵。

重要紀事：

記得在剛接觸蓼科植物時，就曾發生許多錯誤的辨識，如將盤腺蓼當成水蓼，或是把水紅骨蛇及細葉雀翹鑑定成長箭葉蓼等。導致這樣的錯誤認知，當然出自於經驗不足及名稱上的誤解。因為水紅骨蛇或細葉雀翹的葉片形態，是非常符合「長箭葉蓼」的稱呼，反而真正的長箭葉蓼並沒有細長葉片的特徵。

但不管如何，長箭葉蓼的葉型確實也呈現箭形模樣，種名*hastato-sagittatum*便是指葉片戟形至箭形之間的意思。族群在台灣的分佈稀少，多集中在桃園龜山、龍潭、楊梅至新竹關西、湖口一帶的水澤環境裡，只是多數產地伴隨著當地的開發腳步消失無蹤，如今族群更為罕見。

生命週期介於一年至多年生之間，幼株可以沉水生活。花朵色彩美觀，一般開出潔白、粉紅或白底先端帶紫紅的模樣，十分具有觀賞價值。

長箭葉蓼習慣生活於水澤邊緣。

披針形葉片。

白色頭狀花序。

水蓼

Polygonum hydropiper

科別：蓼科

形態特徵：

一年生挺水草本，高20~60 cm。葉互生，披針形，長3~8 cm，寬0.6~1.5 cm，有柄。穗狀花序頂生，花白綠色，雄蕊5枚。瘦果卵形，黑色，有稜，長2.5 mm

花期：全年

分佈：全台平地至山區

生育環境：水田、池畔、溝旁或沼澤

族群現況：不常見

重要紀事：

如果光看植物名稱及野外自然生態來鑑定物種的話，我們很容易將盤腺蓼當成是「水蓼」看待。畢竟在台灣的水澤環境裡，唯一常見的蓼屬沉水成員，就只有盤腺蓼一種，而真正的水蓼卻從未見到沉水族群的存在，所以對於入門者而言，便容易產生認知上的的迷惑。

雖然我們難得在野生環境見到水蓼的沉水族群，採用人工養殖時，卻適宜水族箱生活，綠色的沉水葉頗具特色，觀賞價值十足。不僅如此，它的水上形態，色彩也偏向於翠綠，連花朵亦是白中帶綠，如果將名稱改為「翠蓼」，那就更加貼切了。

族群多半生育在全台的水田環境，卻也經常出現在山區的路旁或排水溝裡，如台北烏來往福山村的路段或宜蘭仁澤溫泉往太平山的沿途，皆有普遍分佈。高溫期葉表的V字黑紋，通常消失無蹤，涼爽山區的族群則保持葉表紋彩的呈現。

種名 *hydropiper* 為水胡椒之意，指的便是一種生性嗜水又具有辛辣味的植物。

花序的模樣。

生活在宜蘭太平山區路旁排水溝渠中的族群，葉表帶有黑紋。

葉表無紋的族群多見於高溫期。

莖節經常佈有紅紋。

翠綠的花朵。

宜蘭蓼

Polygonum ilanense

科別：蓼科

別稱：小箭葉蓼

形態特徵：

多年生挺水或沉水草本，莖匍匐生長。葉互生，線狀披針形，長2~5 cm，寬3~6 mm有柄。穗狀花序頂生，花白底先端紫紅，雄蕊5枚。瘦果卵形，黑色，有稜，長2.3 mm

花期：全年

分佈：北部及東北部的中海拔山區

生育環境：湖沼濕地

族群現況：稀有

仲夏日的挺水生活模樣。

花序展現。

花朵小巧。

重要紀事：

這是一種植物體變化多端的蓼科植物，低溫期葉片常短於一公分的袖珍模樣，夏季則介於2~5公分間，沉水葉更為大型，色彩也由綠轉紅，且海拔分佈的高低及環境的優劣與否，也會影響到植物體大小的轉變。也因為如此的變化，假如沒有長期觀察或全面性生態了解的話，便會造成原始文獻的記載偏差。

本種的模式標本採獲於宜蘭翠峰湖，並且以 *P. ilanense* 發表為新種，種名 *ilanense* 便是宜蘭之意。後來它的學名又被更改為多葉蓼(*P. foliosum*)。但是多葉蓼為蓼組成員，莖直立，與本種匍匐莖且屬於刺蓼組成員的差異，實屬截然不同物種，這裡還是採用原始的發表學名 *P. ilanense* ，來代表廣泛生育在宜蘭松羅湖、翠峰湖、明池、草埤、崙埤池、中嶺池、拳頭母池、加羅湖群及新竹鴛鴦湖等中海拔湖沼區的這種小型蓼屬植物。

另外由幾本日本發行的植物圖鑑看來，本種頗似葉翹蓼(*P. brevi-ochreatum*)，文獻記載卻敘述它為一年生植物，看來本種的身分釐清，還需要花些心思來探討。

冬季的葉形袖珍，色彩紫紅。

沉水族群。

生育在宜蘭松羅湖的夏季族群。

蠶繭草

Polygonum japonicum

科別：蓼科

別稱：日本蓼、日本蠶繭草

形態特徵：

多年生挺水草本，高50~100 cm。葉互生，長披針形，長6~14 cm，寬1.5~2.6 cm，有柄。穗狀花序頂生，花白色，雄蕊6~8枚。瘦果卵形，黑色，長2.5 mm。

花期：全年

分佈：全台山區至平地

生育環境：水田、池畔、溝旁或水濕環境

族群現況：不常見

低溫期的葉表色彩有如油彩般。

如同蠶繭般的厚實花序。

重要紀事：

蓼科植物有一種特別的生態習性，即冬季生長的形態往往與仲夏期間有別，蠶繭草就是很好的例子。

的確，我們在嚴冬至春季期間所見到的蠶繭草族群，葉片上的色彩展現就如同油彩般美麗動人。直到梅雨過後，彩紋才會逐漸消褪，轉換成高溫期的形態，此時的模樣就難以與毛蓼區別。還好它的花朵鮮明亮眼，不像毛蓼只能開出迷你袖珍的小花。

一般而言，蠶繭草的花朵通常潔白展現，偶爾先端帶有極淡的粉紅色彩，一旦開花結實後，花序的展現如同蠶繭般厚實，也因此而得名。不過它的種名*japonicum*為日本之意，稱呼為「日本蓼」也是可以的。

這種蓼科植物的分佈雖然廣泛，但就如同水蓼一樣，並非隨處可見，多年來記錄的產地有宜蘭五結、新竹竹北、苗栗苑裡、台中龍井及高雄美濃等地。族群繁殖多以地下走莖為主，同樣習性亦見於櫻蓼身上。

生長於宜蘭壯圍水田邊的冬季形態。

高溫期葉表的油彩光澤消失。

白花的盛開模樣。

早苗蓼

Polygonum lapathifolium

科別：蓼科

別稱：酸模葉蓼、大馬蓼

形態特徵：

一年生挺水草本，高20~140 cm，莖佈紅斑或銀白。葉互生，披針形，銀白或綠色，長5~18 cm，寬2~4 cm，有柄。穗狀花序頂生，花白或粉紅色，雄蕊5~7枚。瘦果卵形，黑色，長2.5 mm。

花期：全年

分佈：全台山區至平原

生育環境：水田、池畔、溝邊或高山

族群現況：常見

重要紀事：

在台灣的西部地區，每當到了冬天的休耕季節，田野裡便會大量生長早苗蓼的族群，一旦到了開花期間，無數紅白交錯的小花，隨風搖曳的熱鬧景緻，讓人記憶深刻。

早苗蓼雖為濕地生物種，也適合陸地生活，族群蔓延至三千公尺的合歡山區，幾乎只要有蔬菜或果樹栽培的區域，便有機會見到它的身影，是台灣最為常見的水生蓼屬之一。種名*lapathifolium*為像牛蒡或酸模葉片的意思。

長久以來，早苗蓼與白苦柱(*P. lanatum*)是否屬於同一種植物，紛擾許久。新版的『中國植物誌』已將兩者合併處理，這是正確的分類方式。它們彼此原本就是屬於族群內的變異物種，基本上區分成綠色葉片的「早苗蓼」型及銀白葉片展現的「白苦柱」型；前者的特色在於直立莖上，佈滿了紅色斑紋，後者的莖及葉片皆為銀白色彩，而且介於兩者間的中間型也隨處可見。

早苗蓼典型的開花型態。

早苗蓼型的花序展現。

白苦柱型的花序展現。

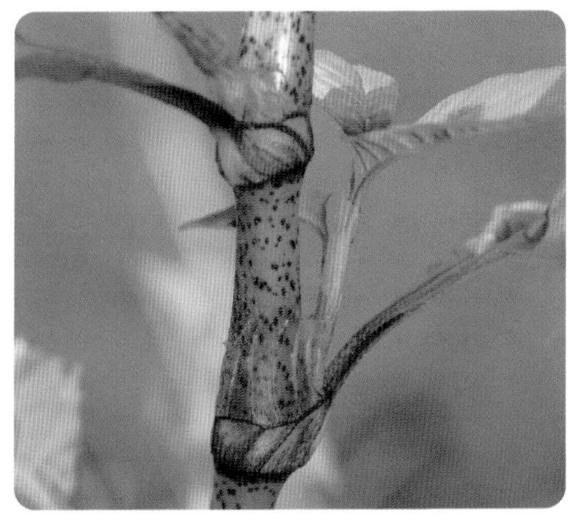
莖節佈有紅斑為早苗蓼型的特徵。

白苦柱型的莖節無紅色斑點。

早苗蓼型的葉片模樣。

白苦柱型的葉片模樣。

由此株的植物體身上，便能證明早苗蓼與白苦柱之間的關係，同時擁有早苗蓼的綠色葉片及白苦柱的銀白被毛。

花朵細小，而且無法全然綻放。

睫穗蓼

Polygonum longisetum

科別：蓼科

別稱：長鬃蓼

形態特徵：

一年生挺水草本，高20~70 cm。葉互生，披針形，長3~6 cm，寬1.5~2.5 cm，有柄。穗狀花序頂生，花粉紅或白色，雄蕊8枚。瘦果三角狀，黑色，有稜，長2.2 mm。

花期：全年

分佈：全台山區至平地

生育環境：山區路旁、水田、溝邊、林下、池畔或蔬果栽培區

族群現況：常見

重要紀事：

經常健行或登山的植物愛好者都知道，睫穗蓼可說是山區最為常見的野生植物之一，族群多生長在路旁或林下潮濕處，習性偏向於陸生。但是植物體只要與水接觸後，便會發展出適應水中的沉水葉片，理所當然成為水生植物的一份子。

平常的植物體多以開放粉紅花朵為主，白花族群較為少見。花朵聚生的模樣頗為隨性，但不管花色或花序長短如何改變，花苞處總會長出如同睫毛般的長緣毛，是鑑定本種的重要依據。所以種名*longisetum*便是萼片上長有長毛之意。

另外分佈在中高海拔的族群，葉片多呈現近於線形的模樣，容易與細葉蓼混淆在一起。兩者的區別如下：本種花苞處具有長緣毛的存在，細葉蓼則無此特徵。

中高海拔生活的葉片形態較為細長。

花苞處的長緣毛。

生長於宜蘭雙連埤公路旁的族群。

較為老熟的植物體形態。

粉紅花朵。

長戟葉蓼

Polygonum maackianum

科別：蓼科

別稱：鹿蹄草

形態特徵：

一年生挺水草本，莖斜向或上升成長，具縱稜，有倒鉤刺。葉互生，長戟形，長3~8 cm，中間寬1~2 cm，柄生倒鉤刺。頭狀花序頂生或腋生，花被白，先端粉紅或淡紅色，雄蕊8枚。瘦果卵形，深褐色，3稜，長3.5 mm。

花期：6~11月

分佈：北部山區

生育環境：廢耕水田、池畔或濕地

族群現況：滅絕多時

重要紀事：

長戟葉蓼是一種溫帶植物，族群主要見於日本、中國北方、韓國及俄羅斯，台灣於日據時代也曾於大台北地區有過採集紀錄。

不過隨著時代變遷以及生育地的消失，至少超過一甲子以上的時間，未曾再次發現，族群命脈應該早已消失無蹤。這裡的生態圖片是拍攝於日本群馬縣的湖沼環境，屬於當地普遍分佈的物種。

乍看之下，本種的葉形與質感如同戟葉蓼一般，只是葉幅要細長許多，但是它的托葉鞘頂端具有輪形葉狀翅，而且每一輪先端皆具有一根刺毛，這是台灣產濕地生蓼屬成員中僅有的特徵，因此識別及鑑定頗為容易。

烈陽下生活的夏季形態。

托葉鞘頂端的輪形葉。

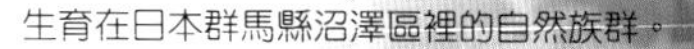

生育在日本群馬縣沼澤區裡的自然族群。

葉似鹿蹄，故又有「鹿蹄草」之稱。

頂生的頭狀花序。

盤腺蓼

Polygonum micranthum

科別：蓼科
別稱：小花蓼、柔莖蓼
形態特徵：
一年生挺水或沉水草本，高20~40 cm。葉互生，披針形，長2~7 cm，寬0.5~1.5 cm，有柄。穗狀花序頂生，花白或粉紅色，雄蕊3~4枚。瘦果卵形，黑色，長1.5 mm。
花期：全年
分佈：全台山區至平地
生育環境：水田、溝渠、池塘及湖沼地帶
族群現況：常見

重要紀事：

盤腺蓼這是一種真正的兩棲性植物，族群經常沉浸在流水環境中生活，沉水葉紫中帶紅，非常美麗，多與石龍尾屬植物混生在一起，美麗景緻常見於宜蘭冬山、台中新社、南投埔里、高雄美濃、屏東五溝水及台東池上等地。挺水葉片帶有紫黑斑塊，不過就如同其他蓼科植物一樣，到了仲夏季節，色斑便會消失無蹤。

值得探討的一點是，新版的中國植物之中，將本種歸類為柔莖蓼的變種(*P. tenellum* var. *micranthum*)。曾於中國南方及東南亞地區看過真正的柔莖蓼，它的長相雖然近似盤腺蓼，還是有形態上的差異，所以這裡暫時將兩者區隔開來。

另外必須加以解釋的是，種名*micranthum*為小花的意思，符合它的花部形態。但是如果將其更名為「小花蓼」的話，又會與下一種介紹的*P. muricatum*混淆在一起，不過現有的名稱「盤腺蓼」，對於本種的形態而言，沒有什麼特別的意義，真是難以處理的棘手問題。

冬季的挺水身影。

流水中飄逸的沉水族群，美的令人讚嘆！

頂生穗狀花序。

花開時的模樣。

豔紅的沉水葉展現，具有水族觀賞價值。

這個族群生活在宜蘭冬山的湧泉排水溝中，可以將本種豐富的生態行為一覽無遺，前方由沉水葉轉水上葉的色彩變化，及一旁流水中的紅色沉水葉，後方則是開花的族群形態。

小花蓼

Polygonum muricatum

科別：蓼科

別稱：粗糙蓼、小蓼花

形態特徵：

一年生挺水草本，莖匍匐生長，密生倒鉤刺。葉互生，披針形，長5~7 cm，寬1.8~2.6 cm，有柄。穗狀花序頂生，花先端紫紅或白色，雄蕊6~8枚。瘦果黑色，有稜，長2.8 mm。

花期：全年

分佈：全台山區

生育環境：廢耕水田、池畔及湖沼濕地

族群現況：稀有

重要紀事：

袖珍迷你的花朵，加上白底先端帶紫紅的色彩搭配，這便是小花蓼性感迷人的特色，但是同樣的花序展現，也見於箭葉蓼身上，還好近似種的分佈僅限於新竹鴛鴦湖區，還不至於發生鑑定上的困擾。

小花蓼葉片的成長過程，頗具風味。通常植物體先端呈現草綠色彩，隨後逐漸轉紅，感覺如同楓葉般的變化。隨海拔高低及環境的不同，葉片大小的展現與質感，也差異懸殊。種名*muricatum*為葉表粗糙之意，所以正確名稱應該是「粗糙蓼」才對。不過它的花朵袖珍，採用「小花蓼」也無不妥之處。

小花蓼的分佈零散，蹤影難得一見，值得慶幸的是，族群生育的場所多位於保護區或深山之中，命脈保存比較不必擔憂。重要產地如宜蘭松羅湖、草埤，南投蓮華池及屏東南仁湖等，多為海拔高度介於500~1500公尺之間的沼澤環境。

袖珍迷你的小型花朵。

頂生穗狀花序。

宜蘭松羅湖的族群葉片十分短小，葉表較為柔和。

南投蓮華池產族群的葉片寬大，葉表粗糙。

紫紅的披針形葉片。

紅蓼

Polygonum orientale

科別：蓼科

別稱：東方蓼

形態特徵：

一年生挺水草本，高100~180 cm，全株密生細毛。葉互生，卵形，長10~20 cm，寬6~8 cm，有柄。穗狀花序頂生，花粉紅色，雄蕊7枚。瘦果卵圓形，黑色，長3 mm。

花期：10~4月

分佈：全台山區至平地

生育環境：廢耕水田、溝岸邊、池畔及沿海濕地

族群現況：不常見

托葉鞘先端為反捲模樣。

心形的葉片。

重要紀事：

要一眼辨識紅蓼的身分可說是輕而易舉，畢竟它的植物體高大，花朵大型，而且葉表密生細毛，觸感如同絨布般，形態獨樹一格，沒有近似種的存在。全台到處可見，但是在族群的數量上，還是宜蘭縣境內最為普遍。

曾經在幾個國家中見過紅蓼的蹤影，不過花色的展現卻有著懸殊差異。一般來說，物種越往熱帶地區分佈的族群，理應色彩更為豔麗才對。然而紅蓼似乎完全脫離正軌，台灣或熱帶東南亞產的族群，花色呈現淡粉紅色彩，中國北方及日本產的族群，卻能夠綻放出如同火紅般的顏色，至於生態為何如此，只能感嘆自然奧妙，真是無奇不有！

族群的生育地點不定，特別喜愛在河岸邊生活，例如宜蘭冬山河、宜蘭河及蘭陽溪畔等。一旦它們開滿了串串下垂的粉紅花穗時，真可說是秋季的佳景之一。此外，紅蓼的特殊生態還有托葉鞘先端經常保持反捲的形態。種名*orientale*為東方之意，指的便是此種植物原產於亞洲東部。

生活在宜蘭冬山鄉溪流旁的紅蓼族群。

頂生的穗狀花序。

粉紅的花朵。

春蓼

Polygonum persicaria

科別：蓼科

別稱：桃葉蓼

形態特徵：

一年生挺水草本，高20~70 cm。葉互生，橢圓形，長4~9 cm，寬1.5~4 cm，有柄。穗狀花序頂生，花白或粉紅色，雄蕊6枚。瘦果扁卵圓形，黑色，長2.8 mm。

花期：全年

分佈：全台山區至平地

生育環境：水田、菜園或池畔

族群現況：常見

開花身影多見於春季。

植株開花的初期模樣。

重要紀事：

由名字「春蓼」的稱呼便能清楚明瞭，族群身影多集中出現在農曆春節前後的日子。它的生活模式與早苗蓼完全相同，常見於休耕後的農田或菜園裡，習性比較偏向於陸生。

由於春蓼的植株形態、生活模式及分佈幾乎與早苗蓼完全雷同，兩者一旦共同生活時，便容易造成混淆現象，其簡單區別如下：春蓼的莖光滑，無紅斑；而早苗蓼則有明顯紅斑。

以個人的觀感而言，對於春蓼的喜愛遠勝於早苗蓼，主要因為春蓼可以開出較為大型的花朵，以攝影角度而言，美感的呈現較為突顯。但是春蓼族群的出現通常較為零散，不像早苗蓼那樣成片蔓延，那種浩瀚的美感就不是春蓼所能比擬了。種名*persicaria*為似桃樹之意，指的便是其葉片的形態。

生長在宜蘭壯圍水田邊的春蓼族群。

眾多花序的展現。

白色花朵。

節花路蓼

Polygonum plebeium

科別：蓼科

別稱：假扁蓄

形態特徵：

一年生濕生草本，莖匍匐貼地生長。葉長橢圓形，長0.6~2 cm，寬2~5 mm，有短柄。花3~6朵聚生於葉腋；花綠白色，雄蕊5枚。瘦果寬卵形，黑色，長2 mm。

花期：全年

分佈：全台山區至平地

生育環境：水田、溪床、池塘或荒地

族群現況：常見

重要紀事：

節花路蓼的習性簡直與陸生植物沒什麼兩樣，又無法沉水生活，像這樣的植物也算是水生成員嗎？唯一讓人認可的事係出自於族群的生活範圍，以水田環境為主，多數植物研究者習慣將它列入濕地植物的名單之中，本書亦同。

植物體匍匐貼地生長，加上細小的葉片，不難辨識。對於水生植物愛好者而言，或許這樣的特色不夠強烈，難以討人喜愛，但是就蝶類研究者來說，節花路蓼的生態意義便顯得與衆不同。它的葉片為台灣小灰蝶產卵的對象，是蓼科植物裡少數與蝶類幼生期發生親密關係的物種之一。種名*plebeium*指的便是平貼的模樣。

台灣的中海拔山區還分佈一種近似的扁蓄(*P. aviculare*) ，同樣匍匐貼地生長，只是體態大型許多，非水生物種，所以本種的另一名稱就叫做「假扁蓄」。

節花路蓼多匍匐貼地生長，見於宜蘭五結鄉的水田。

尚未開花的形態。

台灣小灰蝶與本種的關係密切。

紅色花系。

白色花系。

南部族群多呈現閉鎖開花，完成生活史。

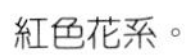

花蓼

Polygonum posumbu

科別：蓼科

別稱：長尾葉蓼、馬蓼

形態特徵：

一年生挺水草本，高20~70 cm。葉子互生，披針形或卵形，長3~8 cm，寬1~3 cm，有柄。穗狀花序頂生，花粉紅色，雄蕊8枚。瘦果卵形，黑色，長2.5 mm。

花期：全年

分佈：全台山區

生育環境：陰濕山道旁、湖沼邊或林下潮溼處

族群現況：常見

重要紀事：

花蓼的生活模式如同雙凸戟葉蓼般，多見於山區的林下潮濕環境、溝邊、路旁或湖沼邊緣，習性偏向於陸生，是否可以成為水生植物的一份子，頗受爭議。

不過正因為台灣多數的湖沼區邊緣，都能夠見到它的身影，也可以長期浸泡水中生活，就廣義的角度來說，還是可以算是濕地植物的一種。平常喜愛與水竹葉、腺花毛蓼、春蓼及旱田草生活在一起。

它的花序纖細，加上葉片疏生剛毛以及緊縮的漸尖葉片，不難與其他蓼屬植物進行區別。花期頗為隨性，一年四季皆能綻放，厭惡曝露在陽光下生活，平地或乾燥山區較為少見。

見於南投翠峰林道裡的族群。

白色花朵。

粉紅花朵。

花序較為纖細。

葉片尾端緊縮，易於辨識。

林下密生的開花族群，見於宜蘭神秘湖。

細葉雀翹

Polygonum praetermissum

科別：蓼科

別稱：疏蓼

形態特徵：

多年生挺水或沉水水草本，莖匍匐生長，疏生倒鉤刺。葉互生，線狀披針形，長2~12 cm，寬0.3~1.2 cm，基部戟形，有柄。穗狀花序頂生，花白或先端紫紅色，雄蕊5枚，軸密生腺毛。瘦果黑色，倒卵形，長2.3 mm。

花期：全年

分佈：全台山區

生育環境：廢耕水田或池畔

族群現況：稀有

重要紀事：

以往細葉雀翹的族群遍及桃竹一帶的沼池環境，植物體通常喜愛半沉浸於水中生活，沉水葉的發展良好。葉片大小容易隨環境改變，形態尤其接近水紅骨蛇，經常造成鑑定上的困擾，兩者的區別請參考水紅骨蛇內文（第90頁）。

另外產於桃竹一帶及宜蘭神秘湖的族群，與南投蓮花池產者亦有差異。桃竹族群的葉形變化多端，有些長度可達12公分，宜蘭神秘湖的族群則葉片短小；而南投蓮花池族群的花序軸上，沒有腺毛的特徵，其他產地則密生腺毛。當然目前於恆春半島及花東地區亦陸續發現數個細葉雀翹族群的存在，它們的形態多介於這幾處產地的中間型，關係十分複雜，所以內文的形態特徵採用桃竹一帶的族群來進行解說。

相信在台灣現有的細葉雀翹族群裡，應該不只一種的存在。不管如何，它的身影確實日漸稀少，以往常見於桃園龍潭、楊梅及新竹湖口、關西沼池的族群，多半隨著當地的填土工程而消失殆盡。種名*praetermissum*有忽略或遺忘的意思，含意難懂。

本種的沉水形態。

神秘湖原生地模樣。

桃竹台地產族群的花序軸密生腺毛。

桃竹台地產族群的白色花朵。

南投蓮花池產族群的花序軸無腺毛。

平地烈陽下栽培的形態改變。

群生於桃園龍潭水池的族群

腺花毛蓼

Polygonum pubescens

科別：蓼科

別稱：八字蓼、伏毛蓼

形態特徵：

一年生挺水草本，高30~130 cm。葉互生，卵狀披針形，長2~9 cm，寬0.8~3 cm，有柄。穗狀花序頂生，細長，花粉紅或白色，雄蕊6~8枚。瘦果黑褐色，有稜，長2.5 mm。

花期：全年

分佈：全台山區至平地

生育環境：水田、池塘、溝邊或湖沼濕地

族群現況：常見

重要紀事：

幾乎所有蓼組的濕地生成員，它們的葉片上多少都會產生紫黑色斑紋，樣子近似數字的「八」字、注音符號的「ㄑ」字或英文大寫的「V」字，也因此本種的另一個別稱便叫做「八字蓼」。

但是腺花毛蓼最具特色的形態，出自於它那特別細長的下垂花序，不過葉片上的八字黑紋會隨著成長過程而逐漸消失，無法當成鑑定依據。種名*pubescens*為被毛之意，正確中名應為「伏毛蓼」才對。

這種蓼科植物喜愛生活在涼爽的山區，平地難得一見。雖然植物體可以成長到一公尺高或以上，但是幼株的成長過程卻經常生活於溝渠或溪流的流水中，成為名副其實的沉水植物。

夏季的葉片色彩偏黃綠。

春季族群的葉表紫紋明顯。

花朵十分小型。

細長彎垂的穗狀花序。

群花綻放的景緻。

春季生長於宜蘭雙連埤溝渠旁的族群。

絨毛蓼

Polygonum pulchrum

科別：蓼科

別稱：麗蓼

形態特徵：

多年生挺水草本，高50~100 cm，全株密生細毛。葉互生，披針形，長8~17 cm，寬1.8~3.6 cm，無柄。穗狀花序頂生，花粉紅或白色，雄蕊6枚。瘦果圓形，黑色，長3.5 mm。

花期：10~4月

分佈：嘉義以南的低山至平原

生育環境：池沼、水庫、溝邊或廢耕水田

族群現況：稀有

重要紀事：

一般人對於蓼科植物的喜好並不是那麼熱衷，畢竟它們的長相平凡，花朵小型，能夠進入花卉市場觀賞的物種寥寥無幾，然而絨毛蓼就具有明星的架式。

這種植物的生活週期屬於多年生，絨布般的葉片觸感，優雅而特殊，再加上粉紅花朵，如同羞怯姑娘那般嬌柔，讓人憐愛，所以種名*pulchrum*便是美麗或俊俏之意，假如中名更改為「麗蓼」就會更加貼切。自然分佈局限於南部地區，屬於真正的熱帶植物，嘉義市為分佈紀錄的北限。

植物體喜愛半沉浸水中，非常適宜深水環境生活，身影多見於水庫環境，如嘉義蘭潭水庫、台南尖山埤水庫、高雄中正湖或屏東龍巒潭等都是知名產地。學名*P. tomentosum*為本種的同種異名。

生育在台南尖山埤附近池塘中的開花族群。

花序的形態。

台南尖山埤的現場景緻。

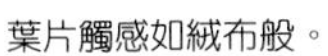

葉片觸感如絨布般。

花朵秀麗，花藥粉紅。

箭葉蓼

Polygonum sieboldii

科別：蓼科

別稱：麗蓼

形態特徵：

多年生挺水草本，高15~70 cm。葉互生，線狀披針形，長2.5~5 cm，寬0.8 ~1.5 cm，基部戟形，有柄。頭狀花序頂生，花先端紫紅或白色，雄蕊5~7枚。瘦果黑色，有稜，長2.5 mm。

花期：6~10月

分佈：新竹鴛鴦湖

生育環境：湖沼濕地

族群現況：稀有

重要紀事：

台灣產的水生蓼，可區分成「蓼組」及「刺蓼組」兩大家族成員；前者擁有光滑、圓形的莖，如早苗蓼、睫穗蓼或紅蓼等；刺蓼組則為方形莖，並佈有倒鉤刺，如水紅骨蛇、細葉雀翹、宜蘭蓼及本種等。

刺蓼組成員的蔓延方式多為斜向匍匐生活，但是台灣產的箭葉蓼族群卻展現直立形態，加上葉表翠綠、背帶紫紅的特徵，容易與其他近似種區隔。不過曾於中國湖北及日本見到的族群，皆為匍匐方式生活，而且植物體大型許多，或許分佈鴛鴦湖之族群，已逐漸演化成獨立品種也說不一定。種名*sieboldii*西伯迪，為人名姓氏的稱呼。

箭葉蓼盛產於北溫帶國家，像中國北方或日本地區屬於常見的池沼植物，台灣族群卻僅見於中海拔的鴛鴦湖沼澤區，冬季以種子落地渡冬，隔年春季才開始萌芽生長，屬於典型的一年生植物。

學名*P. sagittatum*為本種的同種異名。

綻放的花朵。

葉背帶紫紅。

頂生的頭狀花序。

這是日本產箭葉蓼的生活模樣。

春天的生活模樣。

生活在鴛鴦湖畔的族群。

細葉蓼

Polygonum trigonocarpum

科別：蓼科

形態特徵：

一年生挺水草本，高20~50 cm。葉互生，披針形，長3~6 cm，寬1~2 cm，有柄。穗狀花序頂生，花白或粉紅色。瘦果卵形，黑色，有稜，長2 mm。

花期：7~11月

分佈：全台中海拔山區

生育環境：路旁、水濕地或排水溝中

族群現況：不常見

重要紀事：

有一年夏末前往中橫大禹嶺觀察蝶類生態，正當追逐一隻阿里山黑蔭蝶拍攝時，牠停棲在路旁的溝渠邊吸食水分，理應可以攝得完美的畫面，不過一旁的細葉蓼卻把我吸引住了。

原來這種濕地植物的生育環境如此特殊，族群只見於海拔1200~3000公尺間的路旁陽性臨時聚水濕地及排水溝裡，也有沉水葉發生，難怪以往在水生植物喜愛生活的湖沼區或水田環境，就是見不到它們的身影。

有興趣的讀者，可以前往宜蘭南山往梨山或大禹嶺往太魯閣方向的中橫沿線仔細找尋，一定有機會看到。但是長相類似的睫穗蓼也分佈其間，觀察時需特別注意。兩者的主要差異在於本種花苞處無長緣毛的產生。

頂生花序的展現。

本種花苞無長緣毛。

細小的花朵。

本種的葉片較睫穗蓼細長許多。

具有葉斑的族群。

夏季於中橫合歡溪路旁見到的族群。

香蓼

Polygonum viscosum

科別：蓼科

別稱：粘毛蓼

形態特徵：

一年生挺水草本，高30~70 cm，莖佈黏性腺毛。葉互生，披針形，長3~8cm，寬1.5~3 cm，短柄。穗狀花序頂生，花紅色，雄蕊8枚。瘦果三角狀，黑色，長3 mm。

花期：全年

分佈：南投蓮花池

生育環境：廢耕水田

族群現況：瀕危

重要紀事：

對於香蓼的印象十分深刻，那是發生在十餘年前的往事，記得秋天的一日前往南投蓮花池濕地，準備拍攝南投穀精草的生態，恰好遇到翻耕後的田地上盡是香蓼族群，鮮明紅花四處綻放，真是難得一見的田野景緻。

攝得了一張張完美的生態圖檔後，也得到地主的允許，便採集數株香蓼回家種植。沒想到回家的過程中，車內卻傳來陣陣的清香，這才清楚明白它為何會被稱為「香蓼」。

另一項重要特色便是花序及莖上密生具有黏性的腺體，十分類似茅膏菜科植物，才會有「粘毛蓼」的別稱。這種看似相同的黏液，卻無法直接消化昆蟲，歸類上就不會屬於食蟲植物的家族成員。種名*viscosum*便是具有黏液的意思。

頂生的紅色穗狀花序。

莖節密生細毛，並帶有一股清香。

佈有黑紋的葉片。

花朵細小。

過往大量繁衍於蓮花池濕地的茂盛景緻。

冬季生長於南投蓮華池濕地的美麗倩影。

擬盤腺蓼

Polygonum sp.

科別：蓼科

形態特徵：

多年生挺水或沉水草本，高20~50 cm。葉互生，披針形，長4~12 cm，寬0.8~1.6 cm，有柄。穗狀花序頂生，花白色，雄蕊8枚。

花期：全年

分佈：台北低山區

生育環境：廢耕水田

族群現況：可能滅絕

夏季型的葉片頗似毛蓼。

頂生穗狀花序。

重要紀事：

發現擬盤腺蓼的過程也算是一種巧合。大約二十年前，前往台北的友人家拜訪，結果在他家養殖水棲昆蟲的水盆裡發現了擬盤腺蓼的蹤影，詢問下得知種源採自於台北金山的水田裡。

因為友人對於水生植物一竅不通，並不清楚這種植物的珍貴性。幾年後回到現場，生育地早已呈現休耕狀態，芒草取代了濕地環境，族群短暫出現後，又再次消失無蹤。

推測它應該屬於天然雜交種，十餘年來的栽植，只見其開花而不結實，並依形態推斷，應該是盤腺蓼與毛蓼的結合體。水上形態頗有毛蓼的味道，只是植株大小及生活模式又偏向於盤腺蓼，沉水葉的產生完美，具有高度的觀賞價值。

移植於筆者家園繁衍的族群。

本種的沉水葉形態。

剛由沉水形態適應空氣生活的葉片。

短穗蠶繭草

Polygonum sp.

科別：蓼科

別稱：花蓮蠶繭草

形態特徵：

一年或多年生挺水草本，高40~100 cm。葉互生，線狀披針形，長6~14 cm，寬1.6~2.6 cm，柄短。穗狀花序頂生，花白或綠白色，雄蕊8枚。瘦果三角狀，有稜，長2.8 mm。

花期：全年

分佈：花東地區

生育環境：水田或沼澤濕地

族群現況：稀有

重要紀事：

在台灣許多植物圖鑑裡，短穗蠶繭草多被當成蠶繭草(*P. japonicum*)看待，其實兩者的差異頗大。那是因為蠶繭草的蔓延方式，以地下走莖為主，花序容易下垂，本種的花序筆直，且無地下走莖的習性。

族群存在於花東地區的歷史悠久，廣佈在花蓮市、吉安、壽豐至台東池上之間的廢耕水田或濕地中。亦曾於東南亞國家見到其身影，如泰國、馬來西亞、婆羅洲、寮國邊界、印尼及中國廣東、海南島與西雙版納等區域。但是這麼廣泛分佈的物種，在中國植物誌及馬來植物誌裡，居然均無文獻記載，或許大家都把它當成*P. japonicum*看待也說不一定。

短穗蠶繭草的特色，除了厚實短小的花序外，葉片經常帶有濃厚的紫色，相當迷人。柔和的沉水葉與蠶繭草的硬質形態也頗具差異。

剛適應挺水生活的紫紅沉水葉。

經常出現這種細葉型的形態。

族群身影最初發現於花蓮吉安。

花朵綠白色。

頂生的穗狀花序。

假絨毛蓼

Polygonum sp.

科別：蓼科

形態特徵：

多年生挺水草本，高40~100 cm，全株疏生細毛。葉互生，披針形，長8~17 cm，寬1.8~3.6 cm，有柄。穗狀花序頂生，花白至粉紅色，雄蕊8枚。

花期：10~4月

分佈：高雄澄清湖及鳥松濕地

生育環境：水庫旁或濕地中

族群現況：瀕危

重要紀事：

西元2000年夏天，就讀於屏東科技大學的古訓銘同學，在高雄澄清湖畔發現了假絨毛蓼身影，並將活體寄來宜蘭的家中鑑定，證實它是一種新紀錄植物，隨後亦於附近的鳥松濕地裡找到另一族群。

這是一種長相介於絨毛蓼與毛蓼之間的物種，依形態來推斷的話，應該是彼此間雜交產生的後裔。2002年前往印尼的蘇拉維西島尋訪當地的水生植物，亦於中部的湖泊區發現龐大的族群數量，現場同樣與絨毛蓼及毛蓼混生在一起。

它們兩者的生活模式完全一致，下半部的莖節斜倒在水中，上半部挺出水面，無沉水葉的發展。不過假絨毛蓼的花朵展放情況良好，不像絨毛蓼似開非開的花朵模樣，區別還算容易。

秋季開花的族群模樣。

樹蔭下生活的族群，葉片較為翠綠。

由高雄澄清湖移植於筆者家園養殖的族群。

新生的葉片具有く字紫紋。

花朵的展放能力佳。

擬長箭葉蓼

Polygonum sp.

科別：蓼科

形態特徵：

多年生挺水草本，莖斜向生長。葉互生，長披針形，長4~9 cm，寬1.5~3 cm，有柄。頭狀花序頂生，花粉紅色，雄蕊8枚。

花期：全年

分佈：苗栗銅鑼至三義一帶的山區

生育環境：廢耕水田或排水溝中

族群現況：瀕危

重要紀事：

發現擬長箭葉蓼的最初地點位於苗栗縣的銅鑼鄉，這一帶也是瓜皮草、大葉田香草及直立半邊蓮的重要分佈區域。當時發現的族群生長於大型排水溝、廢耕水田及林緣邊的濕地裡，繁衍著龐大的數量。

它的長相與長箭葉蓼幾乎一個模樣，推測應該是水紅骨蛇與長箭葉蓼雜交出來的後裔。兩者的不同之處在於本種的植物體較為粗壯，屬多年生物種，無結實狀況。

2008年秋季回到現場勘查幾處當時發現的地點，結果族群全然消失，希望這只是個人的調查不周，或許它們依舊生活在附近的某些濕地裡也說不一定。

本種野生蹤影僅見於苗栗銅鑼至三義一帶的山區。

平常尚未開花的葉片形態。

族群就生長在苗栗銅鑼的這條排水溝中。

綻放的花朵。

花序的模樣。

空心蓮子草
Alternanthera philoxeroides

科別：莧科

別稱：長梗滿天星、長柄滿天星

形態特徵：

多年生挺水或浮游水面的草本植物，高10~40 cm。葉對生，倒卵形，長2.5~5.5 cm，寬1~1.5 cm。頭狀花序腋生，白色，雄蕊5~6枚。胞果倒卵形，長1.3 mm。

花期：4~11月

分佈：全台山區至平地

生育環境：水田、溝渠或各類水濕環境

族群現況：普遍歸化

重要紀事：

原產於熱帶美洲的空心蓮子草，已經成為廣佈全球的歸化物種，造成它如此強大蔓延的主要原因，在於族群能夠忍受低溫，植物體不但可以浮游水面，亦能地下走莖，甚至浸泡於水中也能夠生活，而且成長快速，幾乎任何環境皆能適應，理所當然成為強勢物種了。

它的莖節遇水後，便會逐漸粗壯，空心的內部飽含空氣，水生特質表露無疑。在南美洲的亞馬遜河流域，還分佈一種可以真正游走水表生活的水生蓮子草(*A. aquatica*)，只是這種長相奇特、具有浮囊的水生植物，尚未引進國內。

亞洲地區亦有真正的水生蓮子草存在，曾於印尼的蘇拉維西島見過其蹤影，莖直立生活，推測應為全球新的物種。在分類上，莧科植物屬於無花瓣類群，它們的花朵與蓼科植物一樣，是由萼片所組成。台灣本島並無真正的水生蓮子草屬植物的分佈，目前已知引進栽培的水族觀賞水草，大約有4~5種。種名*philoxeroides*為像莧菜之意，指的應該是形態模擬蓮子草的樣子。

蔓延如地毯般翠綠的冬季族群。

生活於流水中的莖節特別粗壯。

群生一起的夏季族群，見於宜蘭五結。

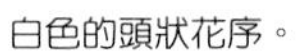

白色的頭狀花序。

倒卵形葉片。

瑞氏蓮子草

Alternanthera reineckii

科別：莧科

形態特徵：

多年生挺水或沉水草本，先端被毛，高5~20 cm。葉對生，披針形或倒披針形，長2~5.5 cm，寬5~8 mm。頭狀花序腋生，白色。胞果倒心形。

花期：全年

分佈：高屏地區

生育環境：溪畔

族群現況：不普遍歸化

重要紀事：

水族市場有種知名觀賞水草「血心蘭」，它就是本種的商業名稱，原產於亞馬遜河沼澤區。但是德國權威觀賞水草圖鑑(*Aquarienpflanzen*)一書中，所採用的*A. reineckii* 這個學名，至少包含五種成員，到底誰是真正的*A. reineckii* ，一時之間也無法清楚釐清。

它們都能夠產生真正的沉水葉，是典型的兩棲性植物。目前瑞氏蓮子草普遍歸化於屏東佳平溪及高屏溪流域，其他縣市偶爾亦能發現。沉水葉包含紅色及綠色兩型。

另外有一種全台灣普遍可見到的蓮子草(*Alternanthera sessilis*)，也經常發現於濕地環境，但畢竟它的習性偏向於陸生，是否列為水生物種，見仁見智。

至於節節花(*A. nodiflora*) 以及紅蓮子草(*A. lilacina*)，都只是蓮子草的一個型而已。種名*reineckii*為姓氏名稱。

沉水葉的模樣。

蓮子草是否屬於水生物種見仁見智。

生活在屏東佳平溪畔的開花族群。

節節花只是蓮子草的一個型而已。

紅蓮子草也是蓮子草的族群變異內。

掌葉毛茛

Ranunculus cheirophyllus

科別：毛茛科

形態特徵：

多年生匍匐草本。葉掌狀分裂，長0.5~1 cm，寬1~1.5 cm，有長柄。花單出，腋生；花瓣3~5枚，黃色，卵形。聚合果卵圓形。

花期：3~5月

分佈：全台中高海拔山區

生育環境：山道旁水濕處或湖畔邊

族群現況：稀有，特有種

重要紀事：

我們都知道水生植物的嗜水性特別強烈，它們多分佈在湖泊、沼池、水田或流水溝渠等場所。但是有些物種的生活地點，並非屬於那麼典型的濕地環境，如圓葉挖耳草及玉山燈心草只分佈在流水滴落的岩壁上，玉山櫻草及玉山針藺常見於小溪邊的濕潤草生地，而長葉燈心草及掌葉毛茛就特別喜愛山道旁臨時聚水的環境。

只要對於植物世界有所瞭解的話，一看就知道這些物種都是屬於濕地生的成員。正如本文的主角，僅見於海拔1600公尺以上的霧林帶森林中，理應生活在湖沼環境，卻見於山道旁的水濕處，像它這麼嗜水的物種，卻生活在那樣的環境裡，有時真的很難理解它的生態為何如此奇特。

至於掌葉型的水生毛茛，在日本及中國大陸特別多產，至少有20種的分佈，只是由現有的資料來看，掌葉毛茛還是屬於台灣特有的水生植物。它的花瓣3~5枚，並以3枚為盛。

分佈在合歡山區的掌葉毛茛族群。

花瓣以三枚為主。

開四枚花瓣的花朵數較少。

掌葉毛茛的葉掌狀分裂，花單出，腋生。

開花時的形態模樣。

聚生一起的果實。

葉片掌狀型。

石龍芮

Ranunculus sceleratus

科別：毛茛科

形態特徵：

一年生挺水草本，高15~50 cm，莖中空。葉全裂狀，有長柄。花單出，腋生；花瓣5枚，黃色，卵形，雄蕊22枚。聚合果長橢圓形。

花期：12~5月

分佈：全台山區至平原

生育環境：水田、溝渠、池塘及湖沼濕地

族群現況：常見

重要紀事：

毛茛科植物擁有衆多的水生或濕地生成員，主要分佈在涼爽的溫帶環境，整個大中國地區產約數十種，歸類在烏頭屬(*Aconitum*)、雙瓶梅屬(*Anemone*)、梅花藻屬(*Batrachium*)、驢蹄花屬(*Caltha*)、鐵線蓮屬(*Clematis*)、鹹毛茛屬(*Halerpestes*)、毛茛屬(*Ranunculus*)及唐松屬(*Tuollius*)之中；台灣僅擁有毛茛屬裡的兩種水生成員，分別是掌葉毛茛以及石龍芮。

已知所有的水生毛茛都厭惡高溫生活，連石龍芮亦同。所以地處於亞熱帶的台灣，其身影只出現在冷涼氣候的冬春季節裡。像蘭陽平原的濕潤水田，就非常適合它生活，每年到了農曆春節前後，休耕水田裡盡是盛開的黃花鮮明身影，煞是美麗。

石龍芮的成長過程，可以同時產生浮水葉及挺水形態，而且葉片的轉變劇烈，是一種十分討人喜愛的水生植物。另外全台平原至中海拔山區還分佈一種常見的禺毛茛(*R. cantpniensis*)，也經常被歸類為濕生植物。

由圖中可以清楚看到石龍芮成長過程的變化。

生長在蘭陽平原的石龍芮。

初開的花朵。

花瓣掉落後，留下長橢圓形的聚合果。

禺毛莨的生活偏陸生型態，是否為水生物種，見仁見智。

正值壯年的植物體形態。

荷花
Nelumbo nucifera

科別：蓮科

別稱：蓮花、堅果蓮

形態特徵：

多年生挺水草本，高50~170 cm，具地下匍匐走莖。葉根生，盾形，有長柄。花單生，花萼5枚，花瓣10~15枚，粉紅或白色，雄蕊多數。堅果長橢圓形，長1.5~2 cm。

花期：5~10月

分佈：全台各地

生育環境：水田、池塘、水庫及湖沼濕地

族群現況：常見

重要紀事：

水生農作物中的荷花，全身上下的價值幾乎發揮得淋漓盡致。花瓣及蓮子可以生食、泡茶及烹飪成各種料理，荷葉有包裹物品的功能，地下根莖「蓮藕」亦是美味可口的季節性蔬菜，值得品嚐。

不僅如此，它的花朵清麗脫俗，自古以來便是知名的觀賞水草，改良品系眾多。但是荷花的休眠期頗長，而且地下根莖的繁衍過於快速，容易造成景觀上的破壞，園藝價值逐漸被睡蓮所取代。

全世界荷花屬的植物只有兩種，分別是亞洲蓮及美洲黃蓮(*N. lutea*)；前者廣佈於熱帶東南亞、中國到日本，花色由白至粉紅，後者則盛開鮮明黃花，主要見於美國南方至墨西哥一帶的沼澤環境中。至於荷花是否原產於台灣，難以考證，以地理位置來說，應該也有自然分佈才對。種名*nucifera*為具有堅果之意。

早春的葉片呈現浮水生長。

荷花的花苞。

展開笑顏的荷花。

盛放的荷花，中間的蓮蓬及多數雄蕊清晰可見。

即將凋零的荷花，花瓣及雄蕊均會脫落。

蓮蓬與挺水葉。

芡實

Euryale ferox

科別：睡蓮科

別稱：雞頭蓮、芡、兇猛蓮、刺蓮

形態特徵：

一年生浮葉草本，全株密佈濃刺。葉圓形，有長柄。花單生，萼片5枚，花瓣12~15枚，紫紅色，長2.5 cm，雄蕊多數。漿果圓形，長0.6~1cm

花期：6~10月

分佈：花蓮

生育環境：池塘

族群現況：可能已滅絕

重要紀事：

日據時代芡實自生於台北北投、南投日月潭及台南地區的沼澤環境裡，爾後便無任何的發現紀錄。到了民國70年，又有資料可尋，它現身於彰化的沿海地區，這可由多位鳥類愛好者所拍攝到的水雉生態圖片中得到答案。而友人李松柏老師也於民國81年期間，在台中龍井鄉的沿海水池裡見到族群的身影，然而三年後又再次消失無蹤。

直到民國86年，莊宗益老師來電告知，他於壽豐地區迷了路，結果卻發現了芡實的蹤影，這簡直是難以置信的天大消息。隔天按圖索驥前往現場，也巧遇地主。原來生育地原為栽培菱角的水池，數十年來地主認為芡實的長相奇特，每年總會保留幾株觀賞，命脈才得以傳承下來。爾後隨菱角栽培的停止，導致池塘荒廢，命脈僅維持到2005年，殊為可惜。

芡實為亞洲地區特產的巨型睡蓮，全株密佈銳刺，所以種名*ferox*便是兇猛之意。它的果實為配製四神湯的材料之一，葉柄也具有食用價值。台灣產的野生芡實，幾年才開一次花，這或許與水位的深淺有關。倒是深埋泥土中的種子可以保存多年，過往的生育地只要翻動土壤保持濕潤，芡實便有再次重生的機會。

在巨型葉片的對比下，花朵便顯得十分微小。

芡實的花朵綻放時常會穿透葉片。

早春初生的葉片。

花瓣為深紫色彩。

果實外表亦密佈銳刺。

2001年夏末拍攝的生育地現場。

台灣萍蓬草 *Nuphar shimadae*

科別：睡蓮科
別稱：水蓮花、島田氏萍蓬草
形態特徵：
多年生浮葉草本，具有地下塊莖。葉心形，有長柄；沉水葉翠綠，波浪緣。花單生，黃色，萼片5枚，花瓣11~13枚，雄蕊多數，柱頭紅色。漿果圓球形，種子橢圓形。
花期：全年
分佈：桃竹台地
生育環境：池塘
族群現況：瀕臨滅絕

重要紀事：

日籍學者島田彌市先生於民國初年在新竹州桃園郡首先發現到台灣萍蓬草的身影，爾後由早田文藏先生於西元1916年以島田彌市先生的姓氏(shimadae)發表為新種，此後便沒有任何紀錄。

在續談故事之前，我們先來看看台灣萍蓬草的重要性。只要對於世界植物生態有所了解的愛好者都知道，萍蓬草屬植物特產於北溫帶國家，台灣卻有分佈，而且還生活在低平原地區，並為特有種，更顯得彌足珍貴。再加上雖為浮葉植物，亦能同時發展翠綠透明的沉水葉，觀賞價值十足，號稱為「國寶級水生植物」一點都不為過。

除此之外，台灣萍蓬草經常被津津樂道的特色還包括了花朵上的紅色柱頭，許多人誤以為這是台灣萍蓬草獨特的象徵。其實世界產萍蓬草屬植物裡，至少有三分之一以上的成員都有相同的紅色柱頭。

以往我們認為起源於北溫帶國家的萍蓬草屬植物，不可能在熱帶地區發現，而這種根深柢固的植物分佈概念於2008年夏季瓦解了，友人王裕旭先生於海南島尋獲一種溪流生的萍蓬草屬植物。不過筆者抵達現場觀察時，族群多以沉水形態生活，並無花果可以確認身份。因為它的發現擾亂了植物起源分佈的概念，中間的影響層面與牽扯到的生物連結關係十分複雜，也非一時之間能夠解決。假如這種熱帶性的萍蓬草屬植物，證實為新物種的話，我想這應該是植物史上最重大的發現之一，許多的定論都要重新改寫了。言歸正傳，直到1987年台灣萍蓬草的身影再次被發現了，族群同樣生活在桃竹台地的沼池中。事隔多年後的1993年，才在友人的帶領下，見到這種充滿傳奇色彩的稀有植物，那真是感動的一刻。不過才短短幾個月之後，這座位於桃園楊梅埔心的沼池，便與一旁水杉菜同時成為填土工程下的犧牲品。

為了確定新產地，有回駕車穿梭在桃竹台地的羊腸小徑中，並拿著圖片四處問人，花了整整一個星期的時間，依然沒有著落。那天清晨正打算用完早餐後返回宜蘭，早餐店老闆恰好釣魚回來，靈機一動便問起他是否見過圖中植物，這一問也改變往後的命運。

老闆口中的「水蓮花」便是台灣萍蓬草，簍中的鯽魚就是剛從八張犁的沼池中釣獲。命中註定就是如此，知道正確方位後，連續於龍潭、楊梅、新屋及新竹湖口連結的丘陵區塊，找到了十餘池生育著台灣萍蓬草的野塘。

自從那一刻起，經常重回現場探望它們的野生風采，隨著人們開發的腳步，原始沼池逐一消失，連八張犁路旁那口具有風水價值、歷史悠久而且充滿詩情畫意的優美沼池，原是最不可能遭到威脅的地點，也於2004年春天淪陷，在離別數個月後，滿池的台灣萍蓬草族群突然無故消失，至今仍然是個未解之謎。

其實台灣萍蓬草的消失與否，也影響了其他生物的命脈，比方有一種水生金花蟲與它相依為命，幼蟲攝食它的地下塊莖及沉水葉，成蟲則於葉表上活動，並輔助授粉，然而這種學名未定的水棲昆蟲，也隨著台灣萍蓬草的盛衰，而決定族群命脈的延展，便是個很好的例子。

水下的沉水葉具有夢幻之美。

花朵鮮黃，柱頭紅色。

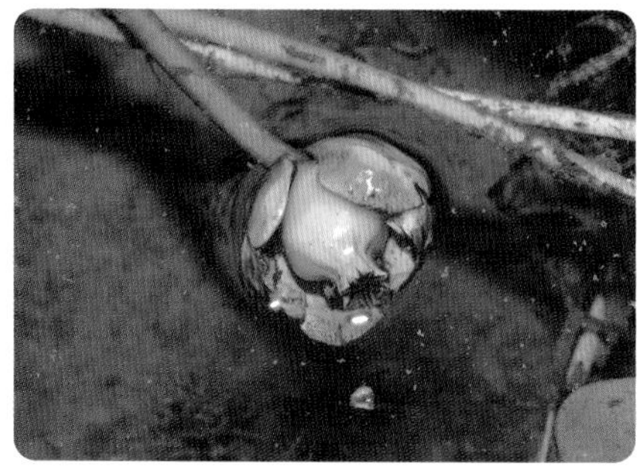

果實形態。

海南萍蓬草與台灣萍蓬草的關係複雜，族群僅生活在溪流環境中。

生育在桃園龍潭水塘中的自然族群。

圖中環境優美的台灣萍蓬草池，多半已消失無蹤。

齒葉睡蓮

Nymphaea lotus

科別：睡蓮科

別稱：齒葉夜睡蓮

形態特徵：

多年生浮葉草本，具地下塊莖及走莖。葉圓形，有長柄；沉水葉綠或紫紅色。花單生，萼片4枚，花瓣多數，白或粉紅色，雄蕊多數。漿果圓形，種子卵形，長3 mm。

花期：全年

分佈：全台普遍栽培觀賞

生育環境：水田、池塘及湖沼濕地

族群現況：局部歸化

重要紀事：

齒葉睡蓮原產於非洲、東南亞及歐洲南部，是睡蓮屬裡少數夜間綻放花朵的成員之一，所以又有「夜睡蓮」之稱。它的植物體主要區分成紅色及綠色兩型；前者盛開亮眼的紅花，後者則展現潔白的魅力。

不過就目前於東南亞國家所發現的齒葉睡蓮族群裡，應該不只一種的分佈，畢竟它們的花朵大小、色彩及種子形態皆有差異，分類十分棘手。它們的沉水葉色彩也變化多端，介於翠綠至紫紅之間，有些還點綴不同的黑斑或紫紋，為水族市場知名的觀賞水草。

至於台北三芝水田的野生族群是否為原生物種，很難考證。倒是園藝價值的關係，蹤影普遍見於全台校園、公園或遊憩區的水池環境。以往紅花型族群，多採用*N. pubescens* 這個學名，後來被證實它們只是同種異名而已。種名*lotus*為荷或睡蓮的意思。

綠葉族群盛開白花。

潔白花朵。

紅葉族群綻放紅花。

紅色花朵。

紅葉族群裡偶爾也會開出參雜白色的花瓣。

藍睡蓮
Nymphaea stellata

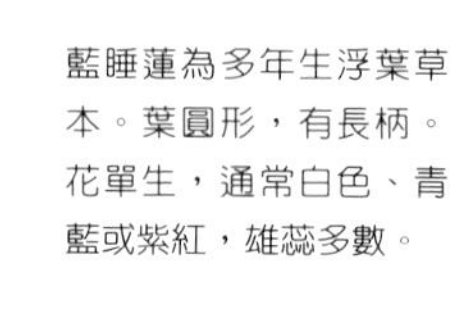

藍睡蓮為多年生浮葉草本。葉圓形，有長柄。花單生，通常白色、青藍或紫紅，雄蕊多數。

科別：睡蓮科
別稱：延藥睡蓮
形態特徵：
多年生浮葉草本。葉圓形，長10~30 cm，寬8~28 cm，有長柄。花單生，萼片4枚，花瓣9~18枚，通常白色、青藍或紫紅，雄蕊多數。漿果球形，種子多數，鮮紅
花期：全年
分佈：西部的低平原
生育環境：池塘及沼澤濕地
族群現況：滅絕多年

重要紀事：
藍睡蓮是一種廣泛分佈在熱帶東南亞及非洲的睡蓮科植物，台灣早期亦有紀錄，只不過原產西部平原的族群，早已隨環境開發而消失無蹤。為了一睹風采，曾經前往中國雲南、湖北及海南的原始採集地點找尋，皆無所獲，而且聽說中國族群可能早已滅絕！

後來查詢資料，在斯里蘭卡島上分佈著一種 *N. nouchali*，它就是藍睡蓮的同種異名植物，便決定於2008年秋季前往探尋。很幸運於第四天的旅程中，在南部的沿海沼澤裡，找到龐大的族群數量。

藍睡蓮雖有「藍」色的名稱，但並不是盛開的花朵有多麼的鮮藍，反而多數族群綻放的是潔白的花朵，或先端帶淡藍色彩。倒是它的花朵在熱帶睡蓮裡算是十分小型的，完全綻放的直徑只有7~11公分之間。葉片不像文獻記載那般小型，會因環境而異，介於10~30公分之間，葉背紫紅；泰國產的族群葉表佈有斑點，花朵也大型些。

種名*stellata*為星狀或放射狀之意，指的便是雄蕊或花瓣排列的模樣。

分佈於斯里蘭卡南部的藍睡蓮。

藍花色彩較少見。

多數的藍睡蓮盛開白花。

潔白花系。

漿果裡的鮮紅種子。

葉背紫紅。

泰國產的藍睡蓮葉片佈有斑點，後方為開白花的族群。

子午蓮

Nymphaea tetragona

- **科別**：睡蓮科
- **別稱**：睡蓮、四角蓮
- **花期**：6~11月
- **分佈**：中部日月潭
- **生育環境**：湖沼濕地
- **族群現況**：滅絕多年

形態特徵：

多年生浮葉草本。
葉圓形，長7~12 cm，
有長柄。花單生，萼片4枚，
花瓣白色，雄蕊多數。
漿果球形，種子橢圓形，
長2 mm。

子午蓮為多年生浮葉草本。葉圓形，花瓣白色，雄蕊多數。

重要紀事：

子午蓮是一種產於北溫帶國家的小型睡蓮科植物，花朵袖珍，喜愛生活在酸性泥炭沼澤或湖泊裡，日本及中國大陸北方為主要產地，台灣早期亦有分佈，生育在南投日月潭沼澤區裡，並於西元1971年前還有發現紀錄。

花朵多半在正午過後才綻放，黃昏前閉合，習性獨特，因此才有「子午蓮」之稱。由此可知，各種野生睡蓮的開花時間不盡相同，甚至有夜間綻放者，從花朵展開笑顏的長短來鑑識物種的身份，其實也是不錯的鑑定方向。

圖中族群拍攝於日本岩手縣的池沼環境，子午蓮在當地為普遍分佈的物種，現場並與蓴菜、日本菱、狸藻及浮葉眼子菜混生在一起。它的葉表翠綠，葉背卻為紫紅色彩。種名*tetragona*為四稜角之意，指的應該是花朵綻放的模樣。

日本岩手縣的子午蓮族群。

花朵潔白袖珍。

成熟果實及種子。

葉背紫紅。

由一旁眼子菜葉片的比例，就可知道子午蓮的花朵有多麼的迷你。

野生環境的生育景緻。

蓴菜

Brasenia schreberi

科別：蓴菜科

別稱：蒓菜、水凍菜

形態特徵：

多年生浮葉草本，具地下匍匐走莖，覆膠質。葉橢圓形，長5~10 cm，寬4~6 cm。花單生，花瓣3枚，紅色，雄蕊22枚，心皮9枚。漿果卵形，長8 mm，種子長橢圓形，長1.2 mm。

花期：5~6月　**分佈：**東北部山區

生育環境：湖沼濕地　**族群現況：**稀有

重要紀事：

蓴菜是一種典型的酸性湖沼植物，很難適應其他環境，分佈也因此受到了限制。目前族群僅見於宜蘭大同鄉海拔介於800~1000公尺間的崙埤池及中嶺池裡，屬於狹隘分佈的珍稀物種。

以前蓴菜的知名產地為宜蘭員山鄉的雙連埤，生存命脈只持續到2002年，族群便遭受人為破壞而消失無蹤。同樣在雙連埤附近的草埤，過往也有蓴菜的分佈，如今也消失多年。

台灣產的蓴菜族群有形態上的差異，如崙埤池及中嶺池產之族群，葉背綠色，開花正常；然而雙連埤及草埤產族群的葉背則為紫紅色，未曾見過開花情況，這是否意味著蓴菜屬植物不只存在一種。但是先前的懷疑直到2009年春天才得到答案，植栽超過15年的紫背型蓴菜，終於順利綻放花朵，色彩清淡許多。

它的生活習性到了入秋之後，植物體呈現休眠狀態，水表上的浮水葉幾乎消失無蹤，並以沉水葉度過漫長的冬季，隔年的3~4月才陸續浮水成長，花期集中在梅雨前後的日子。嫩葉覆有膠質，味美可口，在中國江蘇及日本地區都有專業栽培，屬於難能可貴的野生蔬菜。

另外原產於北美洲的白花穗蓴(*Cabomba caroliniana*)及南美洲特產的紅花穗蓴(*Cabomba furcata*)，分別歸化在宜蘭雙連埤與台中新社，如今隨環境的改變皆已消失無蹤。

紫背型的族群開花了。

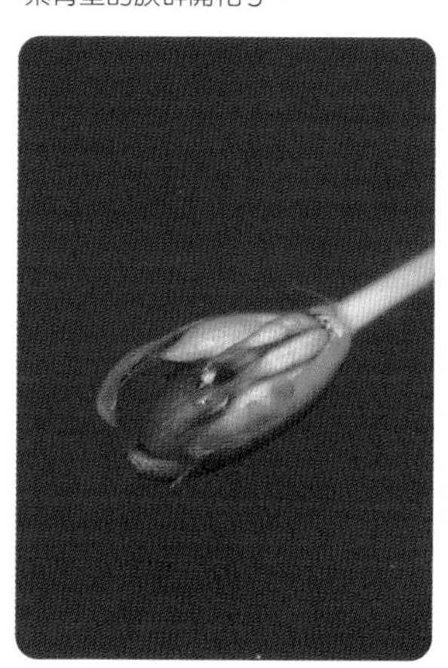

花序上的成熟果實。

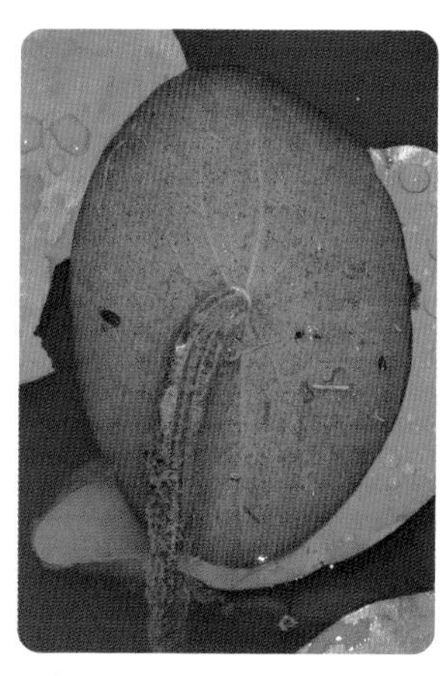

宜蘭雙連埤產族群葉背紫紅，野生族群無開花紀錄。

宜蘭崙埤池及中嶺池產的族群葉背青綠，開花正常。

群生的模樣。

第一天雄蕊的鮮紅花絲短小。

第二天雄蕊變淡，花絲伸長。

紅花穗蓴的浮水葉及花朵。

白花穗蓴曾經短暫大量繁衍於宜蘭雙連埤中。

金魚藻

Ceratophyllum demersum

科別：金魚藻科

形態特徵：

多年生沉水或漂浮草本，無根性。葉輪生，針形，長1.5~2.5 cm，齒緣。花單性，雄蕊5~12枚。果長橢圓形，先端頂刺1枚，基刺2枚。

花期：5~10月

分佈：宜蘭及南投山區

生育環境：水田及湖沼濕地

族群現況：稀有

重要紀事：

小時候非常喜愛抓魚，經常在家園前的排水溝裡找尋各類魚蝦，而流水裡盡是金魚藻的芳蹤，只要在它的草叢間撈捕幾下，少不了短塘鱧、羅漢魚或是菊池氏細鯽。曾幾何時，常見的金魚藻如今卻已成為名副其實的瀕危植物。

的確，金魚藻曾經普及台灣各地水域，只是金魚藻族群生育的溝渠及河流，歷經一場場水泥化革命與福壽螺危害等因素，造成這種無根性植物的全面消失，野生族群目前可能只殘存於宜蘭神秘湖及冷埤等兩處湖沼環境。至於現在常見於屏東五溝水及南投埔里水域的族群，應該都是人為野放的繁衍結果。

另外金魚藻屬植物的分類，顯得複雜重重，在整個亞洲地區發現的物種，十分多樣，幾乎每個國家皆有不同的型態存在。如果依據果實體刺的數量或大小來區別的話，似乎沒有一定的準確性，畢竟中間型不時出現。種名*demersum*為水下或沉水之意，指的便是它的生活模式。

生活於流水環境的金魚藻。

雄花序圓形。

果實頂刺1枚，基刺2枚。

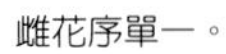

雌花序單一。

夏季盛開花朵的植株模樣。

宜蘭神秘湖產之金魚藻族群。

五角金魚藻

Ceratophyllum oryzetorum

科別：金魚藻科

形態特徵：

多年生沉水或漂浮草本，無根性。葉輪生，針形，長1.5~2.5 cm，齒緣。花單性，雄蕊6~12枚。果實長橢圓形，先端頂刺1枚，基刺2枚，側刺2枚。

花期：5~10月

分佈：台中及台南低平原

生育環境：池塘

族群現況：滅絕多年

重要紀事：

台灣產的五角金魚藻，主要生育在台中至台南之間的水田、溝渠及池塘環境。在民國84年以前還有族群繁衍於台中龍井一帶的水池中，並有芡實伴生一起，池畔則有大安水蓑衣的蹤影，爾後隨福壽螺的入侵而消失無蹤。

由外觀形態來看，五角金魚藻與金魚藻的區別並不容易，還好本種的果實除了前後端的三枚細刺外，還多了兩枚側刺，才有「五角金魚藻」之稱。但是我在中國大陸所觀察的五角金魚藻族群裡，偶爾也會發現沒有長出側刺的情況，同時中國南方出產的族群與北方或高地分佈的種類，一旦移植相同環境下進行養殖多年，於冬季時亦產生不同的休眠狀態，所以金魚藻屬植物的分類還有許多疑點等待釐清。

圖中的野生族群拍攝於中國雲南省的麗江地區，五角金魚藻就生活在池塘、水田及大型沼澤裡。亦在昆明的滇池及大理的洱海見到族群身影，算是當地普遍易見的金魚藻屬植物。

具有長角的果實。

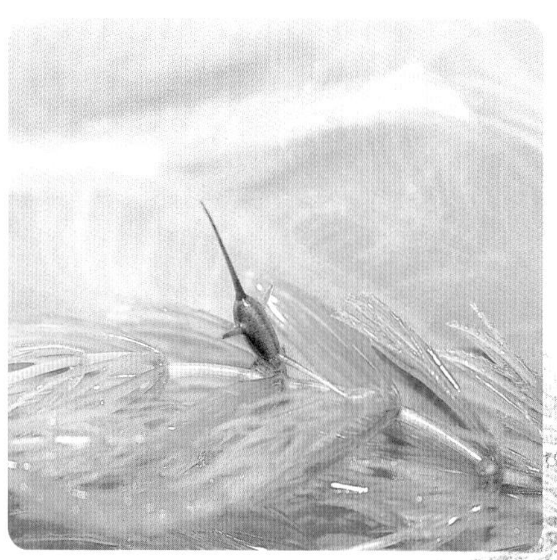

短角型的果實。

拍攝於雲南麗江的五角金魚藻族群。

雄花序的模樣。

五角金魚藻的大族群，拍攝於雲南麗江。

細角金魚藻

Ceratophyllum kossinskyi

科別：金魚藻科

形態特徵：

多年生沉水或漂浮草本，無根性。葉5~8枚輪生，絲狀，長2~4 cm，齒緣。花單性，雄蕊8~12枚。果橢圓或球形，長4~5 mm，先端頂刺1枚，極短，無基刺。

花期：5~10月

分佈：台南低平原

生育環境：池塘及菱角田

族群現況：滅絕多年

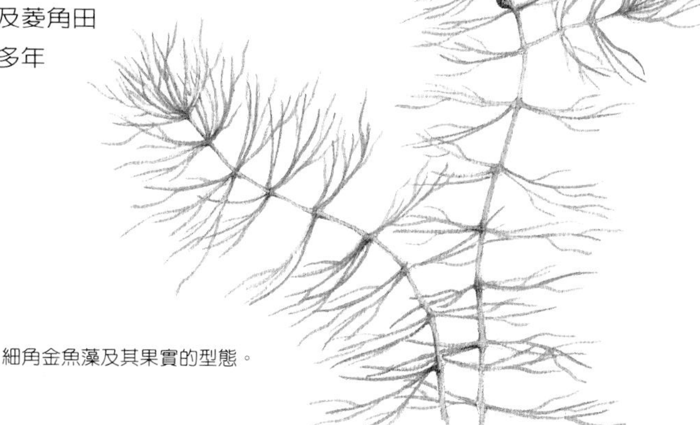

細角金魚藻及其果實的型態。

重要紀事：

在分類上，金魚藻科屬於毛茛目，近親有睡蓮、蓴菜與荷花，雖然彼此的外觀形態差異懸殊，但是花部器官的排列組合卻大同小異，所以也有人將金魚藻稱為沉水性的睡蓮類植物。

金魚藻科僅包含金魚藻屬，世界產約十種，中國分佈五種，台灣也有三種的紀錄。其他像寬葉金魚藻(*C. unflatum*)及東北金魚藻(*C. manschuricum*)，分佈在中國北方或高地的冰冷水域裡。

基本上，所有的金魚藻屬成員都難以由外觀形態來區分彼此。不過像東北金魚藻與細角金魚藻，它們的葉片為3~4回二叉狀分歧，與金魚藻及五角金魚藻的1~2回二叉狀分歧，還是有所不同。至於寬葉金魚藻的葉片，明顯大於其他成員，識別還算容易。

辨識細角金魚藻的主要重點在於它的果實無基刺，先端的一枚頂刺也極為短小，形態還算獨樹一幟。日據時代曾經於台南麻豆發現，不過自1915年之後，便不再有任何的發現紀錄，族群應該早已在台灣滅絕。

蕺菜

Houttuynia cordata

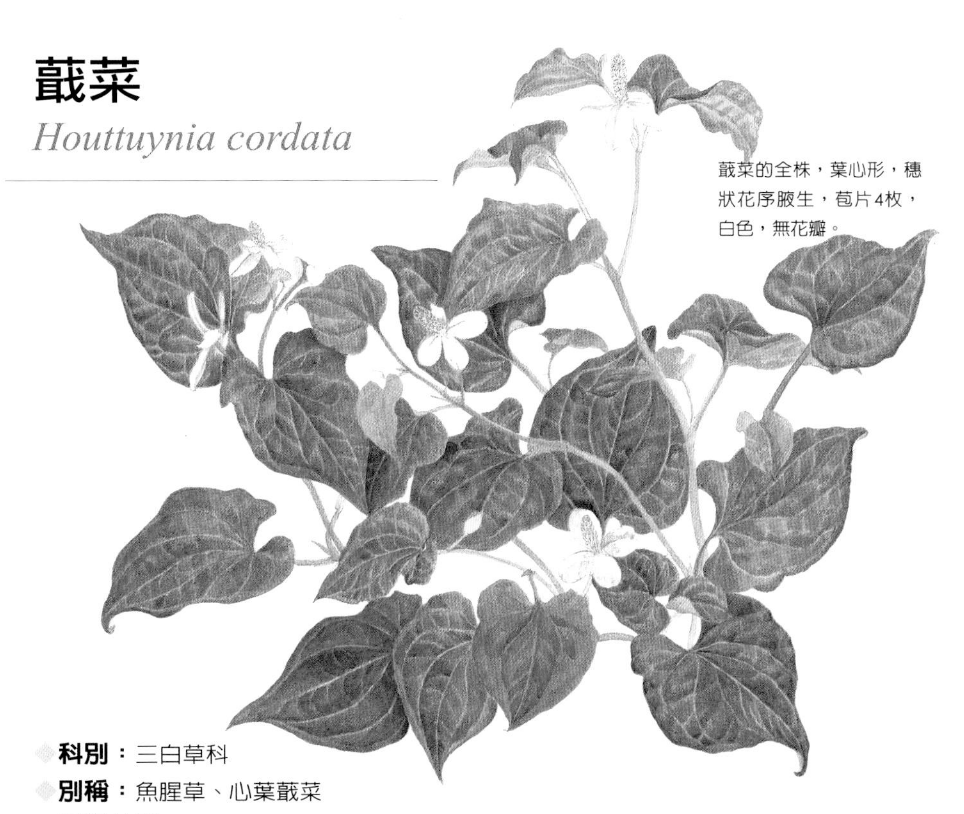

蕺菜的全株，葉心形，穗狀花序腋生，苞片4枚，白色，無花瓣。

科別：三白草科

別稱：魚腥草、心葉蕺菜

形態特徵：

多年生挺水草本，高15~60 cm，具蔓延匍匐根莖。葉心形，長4~8 cm，寬3~6 cm，有柄。穗狀花序腋生，苞片4枚，白色，無花瓣；雄蕊3枚。種子長橢圓形，長0.7 mm，紅棕色。

花期：全年　**分佈**：全台山區至平原

生育環境：水田邊、路旁或林下潮濕處　**族群現況**：常見

重要紀事：

幾乎所有的草藥書籍裡，都會介紹蕺菜的醫療功能，民間普及栽培的程度可見一斑。不過一般人對於蕺菜的認識，多認定它為陸生植物，似乎與水生植物沒有太大關係。

然而蕺菜真正的野生族群喜愛群生於水濕環境，甚至浸泡於水中生活，這樣的自然景緻不難在北部山區見到，如雙溪、貢寮、三芝或金山等地，而且沉水葉的發展良好，理所當然成為水生植物的一份子。

它的葉片具有強烈魚腥味，所以「魚腥草」的別稱反而更為普遍。雖說蕺菜的味道惹人厭惡，但是在東南亞國家，它可是日常生活中不可或缺的香料食材，如同台灣的九層塔或香菜一樣廣泛使用。蕺菜還有一種奇特的特徵，即花序上的白色苞片，並不是真正的花瓣，分類上屬於無花瓣類群植物。種名*cordata*為心形之意，描述的是葉片的形態。

花朵下方的白色瓣狀構造為苞片，不是花瓣。

果實密集生長一起。

幼株經常挺水或沉浸水中生活。

這麼親水的族群，不難在北部山區見到。

仲夏日為花開鼎盛的季節，見於台北雙溪。

三白草
Saururus chinensis

- **科別**：三白草科
- **別稱**：中華三白草
- **形態特徵**：

多年生挺水草本，高30~130 cm，具地下蔓延匍匐莖。葉卵形，長6~15 cm，寬3.5~8 cm，有柄。穗狀花序與葉對生，無花瓣，雄蕊6~7枚。種子橢圓形，長1.2 mm，褐色

- **花期**：4~7月
- **分佈**：全台山區至平原
- **生育環境**：沿海濕地或水田邊
- **族群現況**：常見

春天為三白草的花開季節。

細長的穗狀花序。

- **重要紀事**：

以前很喜歡養殖水草，經常在歐洲的水族圖書上見到垂花三白草(*S. cernuus*)剛柔並濟的沉水葉之美，爾後才知道台灣也有近似種的分佈，那就是本文的主角「三白草」。

這種被水族業者稱為「蘇奴草」的沼澤植物，也同樣具有園藝價值。它的挺水形態獨樹一幟，尤其到了開花季節，植物體先端的2~3枚葉片會由綠轉白，特色十足。不過目前流傳於世界的「蘇奴草」，並非原產於亞洲的三白草，而是另一種長相十分近似的不知名植物，據說種源採獲於北美洲。

台灣產的三白草族群，全台灣的低海拔水澤環境普遍可見，並以北部濱海公路兩旁的濕地為生育的大本營。尤其每當到了春天的4~5月期間，就會群體綻放潔白的花朵，美不勝收。種名*chinensis*為中華之意，指的便是模式標本發現於中國大陸。

春季見於北濱公路旁濕地的大族群。

挺水生活的年輕族群。

花季裡轉白的葉片。

地耳草

Hypericum japonicum

科別：金絲桃科

別稱：日本金絲桃

形態特徵：

多年生濕生草本，莖直立，高10~30 cm。葉卵形，長0.5~2 cm，寬0.3~1cm。花單出，腋生或頂生，花瓣5枚，黃色。蒴果長2~6 mm。

花期：全年

分佈：全台平地至山區

生育環境：林緣、廢耕水田、路旁或濕地

族群現況：常見

重要紀事：

印象中，全球應該沒有沉水性的金絲桃科成員存在，濕地生倒是有不少種類，主要分佈在歐洲、北美洲及亞洲北方，如歐洲產的毛葉金絲桃(*H. elodes*)、北美洲的加拿大金絲桃(*H. canadaense*)、日本的少花金絲桃(*H. oliganthum*)以及中國的短柱金絲桃(*H. gebleri*)等。

台灣的金絲桃屬植物幾乎全為陸生成員，唯有地耳草喜愛生活在濕地環境。它的生活面相廣泛，身影不一定出現在水澤邊，也經常見於路旁潮濕處或草生地中，整體而言算是廣義性的濕生物種。

撇開這些擾人的習性問題，金絲桃屬植物都有一項共同特徵，那便是它們的花朵鮮黃又亮麗，討人喜愛。值得注意的是，在中國及日本地區還分佈一種稀蕊地耳草(*H. laxa*)，它的習性與長相幾乎與本種如出一轍。還好近似種的雄蕊5~8枚，地耳草則多達10枚以上，可加以區別。種名*japonicum*為日本之意。

平常的生活模樣。

花朵鮮黃。

花朵的形態之一。

成熟的果實。

植物體也經常轉為血紅色彩。

開花身影見於台北貢寮鄉。

日本三腺金絲桃

Triadenum japonicum

日本三腺金絲桃的全株及花朵特寫。

科別：金絲桃科

形態特徵：

多年生濕生草本，莖直立，高30~70 cm。葉對生，披針狀橢圓形或倒卵形，長2~6 cm，寬1~2 cm。花單出或3枚聚生於柄上，腋生或頂生，花瓣5枚，粉紅或白色，雄蕊合生成3束。

花期：8~9月

分佈：南投日月潭

生育環境：濕地或湖畔

族群現況：滅絕

重要紀事：

三腺金絲桃屬植物的成員寥寥無幾，多為濕地生成員，主要產於亞洲北部及北美洲，歐洲並無紀錄，算是比較奇特的間斷分佈，而且彼此的形態難以區別。美國及加拿大分佈的物種包括濕地三腺金絲桃(*T. fraseri*)及維吉尼亞三腺金絲桃(*T. virginicum*)。

『台灣植物誌』裡記載的物種為三腺金絲桃(*Triadenum breviflorum*)，產於南投日月潭。不過僅於日據時代有一次採集紀錄，爾後便隨著日月潭的水庫興建而消失無蹤，也沒有完整的標本保留下來。

我們由候鳥的遷移路線及文獻記載的資料得知，當時日月潭沼澤區的濕地植被組成，幾乎與日本沼澤植物的分佈雷同，所以推測南投日月潭產的物種應該是日本三腺金絲桃才對。不過這只是個人的推測，在實質證據不足下，真偽難定。

2008年秋季於日本千葉縣成東町東金濕原裡，親眼目睹日本三腺金絲桃。不過當時還不清楚台灣也有三腺金絲桃屬植物的分佈，所以只是隨意拍攝幾張照片，而將重點集中在茅膏菜身上。

另外，分佈台灣新竹但產地不明的連翹金絲桃(*Hypericum ascyron*)，在中國文獻多列為濕地植物，並曾於雲南及湖北省的高地濕原裡見過密生的族群。然而它在日本的分佈卻是一般的山林植物，所以身份的界定難以判斷。種名*japonicum*為日本之意。

連翹金絲桃是否為濕地植物，見仁見智。

產於日本千葉縣成東町東金濕原
裡的日本三腺金絲桃。

寬葉毛氈苔

Drosera burmannii

科別：茅膏菜科

別稱：錦地羅、金錢草

形態特徵：

一年生濕生草本，全株密生黏性腺毛。葉倒卵形，長0.6~1.2 cm，寬0.6 cm，有柄。總狀花序基生；花瓣5枚，白色，倒卵形，雄蕊5枚。蒴果圓球狀，種子黑色，微小。

花期：全年

分佈：西部低山帶及金門

生育環境：季節性濕地或坡地滲水濕地

族群現況：瀕臨滅絕

重要紀事：

初次見到寬葉毛氈苔的身影，是在新竹蓮花寺濕地上端的兩三處滲水坡地上，十幾年來數量稀疏卻維持著族群的命脈。到了2007年10月間，因為軍方的道路開闢，而將生育地全然破壞，一同陪葬的瀕危濕地植物，還包含了點頭飄拂草、黃眼草及長距挖耳草等，著實令人感到惋惜。

嘉義市旁的彌陀濕地及桃園楊梅的富崗濕地，是目前僅知尚分佈有寬葉毛氈苔的自然產地。不過前者的族群少的可憐，而且生育地點又緊鄰住家旁，隨時都有消失的可能。富崗濕地雖說分佈著龐大的族群數量，但卻屬於私有土地，據說近期將要填土興建廠房。

除此之外，台灣是否還有其它族群的分佈，無法全盤掌控。可喜的是，離島金門地區尚有普及分佈，短時間內無絕滅憂慮。如果將場景延伸到中國南方的海南島，寬葉毛氈苔是當地遍野可見的雜草，綿延數公里的族群不難見到，浩瀚的場景畢生難忘。

話說回來，寬葉毛氈苔屬於小型食蟲植物，植物體平貼地表生活。分佈在鐵質豐富區塊的族群，葉表鮮紅許多，喜愛生育在沙質貧瘠的土壤環境。種名*burmannii*為緬甸之意，位於中南半島。

鮮紅色彩的族群，多見於金門田埔濕地。

花朵通常於早晨7~10點之間綻放。

有時也會產生分歧的花序。

葉片上珠狀的腺體，就是黏捕昆蟲的消化液。

金門的田埔濕地，尚有龐大的族群數量。

嘉義彌陀濕地裡的族群就生活在住家旁。

長葉茅膏菜

Drosera indica

科別：茅膏菜科

別稱：印度茅膏菜

形態特徵：

一年生濕生草本，高15~50 cm，莖纖細，全株密生黏性腺毛。葉線形，長5~12 cm，寬1~3 mm，無柄。總狀花序與葉對生；花瓣5枚，白色，倒卵形，雄蕊5枚。蒴果卵圓形，種子黑色，微小。

花期：全年

分佈：桃竹台地及金門

生育環境：沙質濕地

族群現況：瀕臨滅絕

重要紀事：

台灣產的食蟲植物世界，長葉茅膏菜算是巨無霸的一種，可以捕捉較為大型的蝴蝶、蒼蠅、豆娘甚至蜻蜓等昆蟲。它所綻放的花朵潔白，喜愛生活在濕沙質的環境，通常與寬葉毛氈苔、小毛氈苔或長距挖耳草等食蟲植物混生在一起。

不過眾所周知的產地「新竹蓮花寺濕地」已遭到軍方圍堵，如此精彩的濕地就這麼化為烏有，真是台灣生態保育的悲哀。另一處遠比蓮花寺濕地遼闊的桃園富崗濕地，同樣生育有龐大的族群數量，只是近期聽聞將要興建廠房，那麼台灣本島是否還有其他野生族群的存在，就不得而知了。還好離島的金門地區，尚保有穩定的族群數量，短時間內不至於有滅絕危機。

另外在海南島所觀察的族群，花朵全為粉紅色彩，到了泰國南部不僅僅是花瓣血紅，甚至連植物體亦雷同，這許與日照、溫度與土壤中的微量元素組成脫不了關係。種名*indica*為印度之意，指最初的族群發現地點位於印度地區。

台灣產族群的花朵偏白色。

葉片上已捕捉到蛾類及蒼蠅等昆蟲。

葉片上黏稠的腺體。

成熟果實的模樣。

粉紅花色見於海南島。

生育在新竹蓮花寺濕地中的族群。

茅膏菜 *Drosera peltata*

科別：茅膏菜科
別稱：盾葉茅膏菜
形態特徵：
多年生濕生草本，具地下塊莖。莖直立，高10~30 cm。葉兩型，根生葉匙形，蓮座狀，莖生葉半月形，長2~3 mm，寬4~6 mm，密生紫紅色腺毛，花開時根生葉消失。總狀花序基生，花瓣5枚，白色，雄蕊5枚。蒴果球形，種子約0.4 mm。
花期：春季
分佈：桃園及新竹的低山帶
生育環境：季節性濕地
族群現況：滅絕多年

重要紀事：

茅膏菜科植物的特殊之處在於，它們的植物體擁有能夠分泌黏液的腺體，用來誘捕沾黏昆蟲，進而消化吸收牠們成為養分的來源，屬於食蟲植物類群的一份子。台灣記錄了四種，分別是小毛氈苔、寬葉毛氈苔、長葉茅膏菜及茅膏菜。其中以茅膏菜的長相最為奇特，擁有宿根的休眠習性及弦月狀葉片，極易與其他同屬成員區隔。種名*peltata*便是盾形葉片之意。

台大標本館存放幾份標本，日期標示為1937年4月4日，地點在桃園郡的坪頂大湖。而郭方端老師於民國57年的研究報告亦指出，台北北投及桃園虎頭山的潮濕草生地中也有。而『台灣植物誌』裡也記載了苗栗觀霧的分佈。

多年來前進原始產地搜尋卻毫無所獲，推斷族群可能早已在台灣滅絕多時。為了一睹野生風采，拜託中國及日本友人找尋下落，2008年7月中旬終於傳來消息，海南友人王裕旭先生於五指山區找到了茅膏菜，三天後飛往海南，隔天費時5個鐘頭的攀登過程，於清晨7點30分抵達海拔1850公尺的五指山頂，茅膏菜就生長在松林下佈滿苔蘚植物的濕潤峭壁上，並與海南黃眼草、圓葉挖耳草及玉山針藺混生在一起。

很驚訝海南島居然也有茅膏菜的分佈，而且是生長在霧林帶森林中。更誇張的是，海南友人先前對於茅膏菜完全沒有概念，只是聽我口述它的大略形態，不久後與單位攀登五指山之際，巧遇其身影，真是神奇又幸運的發現過程，而伴生一起的黃眼草可能為全球的新物種。

由於海南島特殊生育環境的啓蒙，才明白早期苗栗觀霧的採集標本，其族群應該也是生活在濕潤峭壁上，畢竟兩處的海拔高度與環境雷同，往後朝這方向探索，或許可以尋得蛛絲馬跡。

2008年9月4日，日本友人須田真一及池田和隆兩人，帶領筆者前往千葉縣成東町東金濕原，找尋茅膏菜身影。這是一處如同金門田埔濕地的環境，是茅膏菜於日本地區少數的產地之一。

不過因為茅膏菜為宿根性植物，主要生長期為5至6月，9月份想要見到它的蹤影幾乎不太可能，但還是去碰碰運氣。沒想到真的碰到了，混生在長葉茅膏菜、長距挖耳草、濕地挖耳草及圓葉茅膏菜之間，這真是幸運的一天。

一個月之後，前往斯里蘭卡找尋藍睡蓮與黃花莕菜的同時，於霍頓平原(Horton

Plain)國家公園的高地濕原中，又巧遇茅膏菜的身影，愉悅心情可想而知。不過可惜的是，雖然如願在五指山、東金濕原及斯里蘭卡找到了茅膏菜，但是因為氣候因素的關係，無法攝得花朵展開笑顏的生態照，成為探詢過程的遺珠之憾。

見於斯里蘭卡霍頓平原國家公園中的茅膏菜。

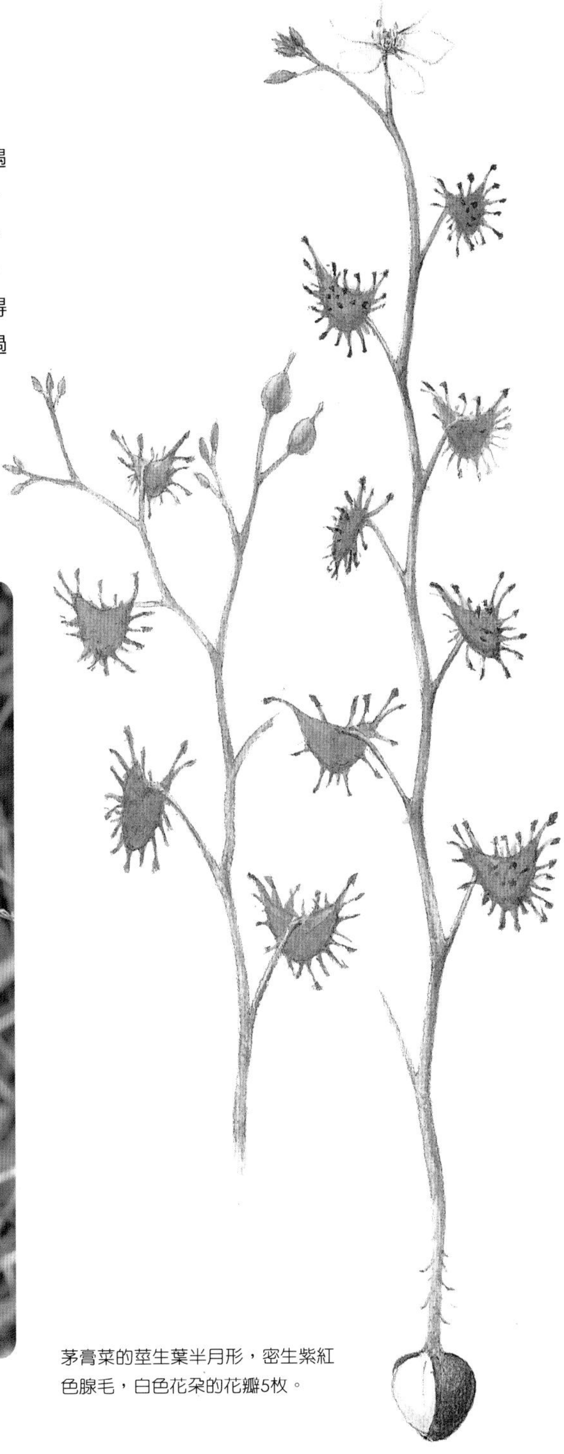

茅膏菜的莖生葉半月形，密生紫紅色腺毛，白色花朵的花瓣5枚。

生活在海南五指山濕峭壁上的族群。

幼株的形態。

含苞待放的花朵。

葉表佈紅點。

葉背無紅斑。

成熟的果實。

日本千葉縣東金濕原裡有穩定族群。

小毛氈苔
Drosera spathulata

科別：茅膏菜科

別稱：匙葉茅膏菜、匙葉毛氈苔

形態特徵：

一年生濕生草本，全株密生黏性腺毛。葉匙形，長0.6~1.5 cm，寬0.5 cm，有柄。總狀花序基生，花瓣5枚，粉紅或白色，雄蕊5枚。蒴果圓形，種子黑色，微小。

花期：全年

分佈：北部及東部的低山區

生育環境：潮濕山壁或季節性濕地

族群現況：不常見

重要紀事：

食蟲植物是一群植物世界裡的異類，它們的葉片已經特化成可以捕捉昆蟲的器官，然後消化牠們以吸收養份。台灣產的兩大科別，分別是水生或岩生性的狸藻類以及濕地生的茅膏菜科成員，共約十餘種。

如果將面相擴大些，茅膏菜科成員也有純水生物種，即貉藻(*Aldrovanda vesiculosa*)，分佈於中國北方、歐洲及日本的冰寒沼澤，傳播來台定居的機率很小。而原產於美國的維納斯捕蠅草(*Dionaea muscipula*)，葉片不僅特化成貝殼狀，並有開闔作用，足以列為世界十大奇異草花之一。其他重要的水生食蟲植物，還包含了來自美國的瓶子草科成員，東南亞特產的數種沼生豬籠草，澳洲的土瓶草科植物及生育在中南美洲高原濕地的食蟲鳳梨。小毛氈苔是台灣產的四種茅膏菜科成員當中，唯一比較常見的物種，族群主要產於宜蘭礁溪往台北方向的廣大山區裡，並延伸至桃竹一帶的丘陵地，東部則見於花蓮海岸山脈的少數地點。

葉片的色彩由綠至紫紅色都有，陽光越是充裕之處，色彩展現越是鮮紅。花朵以粉紅為主，潔白花系十分罕見。野生環境多與菲律賓穀精草、大葉穀精草或其他食蟲植物混生在一起。種名*spathulata*為匙形葉片之意。

烈陽下的植物體多呈鮮紅色彩。

白色花朵。

粉紅花朵。

族群也經常生育在濕潤山壁上。

葉片上的黏稠腺體。

群生在新竹蓮花寺濕地中開白花的族群。

焊菜

Cardamine flexuosa

科別：十字花科

別稱：屈曲碎米薺、細葉碎米薺、蔊菜

形態特徵：

一年生挺水草本，高5~20 cm。葉羽狀分裂。總狀花序頂生，花瓣4枚，白色，雄蕊4~5枚。長角果線形，長2 cm；種子橢圓形，長0.8 mm。

花期：全年

分佈：全台山區至平地

生育環境：水田、溝渠或濕地環境

族群現況：常見

重要紀事：

有一年冬季在台南官田觀察水生植物，發現一處稍有遮蔭的水溝旁，生長了幾叢的焊菜，它們的莖上密佈白毛，乍看下還以為發現了新物種。爾後才明白植物體越是老化，莖上的白毛便會逐漸消褪，這只是成長過程的形態變化而已。

「焊菜」的名稱由來，出自於果莢的長相近似電焊用的材料「焊條」而得名，種名*flexuosa*便是指果實屈曲的模樣。亞洲地區盛產碎米薺屬的植物，其中水生成員至少包含十餘種，多分佈在中國及日本。

台灣常見的成員有焊菜及廣東葶藶兩種，尤其前者經常生活於流水環境中，沉水葉發展良好。尚未開花的植株可以充當蔬菜食用，蝶類中的兩種紋白蝶幼蟲，更是喜愛攝食它的葉片，所以看似平凡的焊菜，生態價值其實是偉大且耐人尋味的。

沉水葉的發展良好。

低溫期的植物體經常密佈細毛。

潔白的花朵。

如焊條般的長角果。

幼苗的形態。

生長於苗栗銅鑼的焊菜。

彈裂碎米薺

Cardamine impatiens

彈裂碎米薺變化多端的葉形替換，在卵形與線形之間輪替變化，很容易誤以為屬於不同種的植物。

科別：十字花科

別稱：水花菜

形態特徵：

一或兩年生挺水草本，高15~40 cm，幾乎無分枝。葉羽狀分裂，小葉4~9對，卵形、披針形或線形。總狀花序頂生或腋生，花瓣4枚，白色，細小。長角果線形，長 2~3 cm；種子橢圓形。

花期：1~5月　**分佈**：南投盧山

生育環境：水流濕潤處　**族群現況**：稀有或可能滅絕

重要紀事：

碎米薺屬植物擁有衆多濕地生成員，多分佈在北半球的溫帶環境，南半球的紐西蘭及澳洲也有數種的分佈。中國大陸盛產這一類植物，其中又以節梗碎米薺(*C. amaraeformis*)、翼梗碎米薺(*C. komarovi*)、水田碎米薺(*C. lyrata*)、大葉碎米薺(*C. macrophylla*)、東北碎米薺(*C. parviflora var. manshuica*) 、草甸碎米薺(*C. pratensis*)、大頂葉碎米薺(*C. scutata*)及彈裂碎米薺等物種特別嗜水。

彈裂碎米薺在同屬的成員當中，算是較為奇特的一種。它的葉形經常在卵形與線形之間輪替變化，很容易誤以為屬於不同種的植物。也因此出現幾個變種的分類，其實它們都只是族群內的變異而已。種名*impatiens*的翻譯為無耐心的，指的便是它那變化多端的葉形替換。

南投的盧山地區為彈裂碎米薺的唯一分佈地點，但是經過幾次颱風的摧殘之後，已經面貌全非，當我知道台灣有彈裂碎米薺的分佈時，早已不見蹤影，族群是否還存在，尚待進一步觀察。

豆瓣菜

Nasturtium officinale

科別：十字花科

別稱：西洋菜、水芥菜、西洋空心菜

形態特徵：

多年生挺水或沉水草本，高5~20 cm。葉羽狀分裂。總狀花序頂生，花瓣4枚，白色，雄蕊4~5枚。長角果線形，長2 cm；種子橢圓形，長0.8 mm。

花期：6~11月

分佈：全台山區

生育環境：溪流、溝渠或水田

族群現況：局部普遍歸化

重要紀事：

來自歐洲的豆瓣菜，族群主要歸化於中海拔山區，尤其在中橫公路沿途的排水溝、溪流或溫帶果園裡的濕潤處，經常可見族群密生一起的景緻，如梨山、武陵農場、大禹嶺或翠峰等地。

豆瓣菜為歐洲地區的食用蔬菜，爾後才引進來台，所以在宜蘭、台北及南投地區便有農戶專業栽培，供應傳統市場或山產店的需求。對於豆瓣菜的情感也特別濃厚，畢竟以往居住梨山的六年期間，餐桌上少不了它的身影，而且又是當地兩種紋白蝶的蜜源與食草。爾後前往紐西蘭探詢水生植物，澤地裡四處都有豆瓣菜的芳蹤，又成為蔬菜補充的主要來源，每每提及它總是備感親切。

生長在低平原的豆瓣菜不曾有開花紀錄，那是因為豆瓣菜喜愛冷涼環境，開花之前必須經過一段低溫期，所以海拔一千公尺以下的區域很難見到潔白花朵。種名*officinale*為藥用之意，指的應該是它的食用價值。

豆瓣菜平常的模樣，見於台中武陵。

只有中高海拔山區才有機會看到白色小花。

夏季的開花形態。

沉水葉的展現。

廣東葶藶

Rorippa cantoniensis

成熟的廣東葶藶植株，見於台南官田。

科別：十字花科

形態特徵：

一年生草本，高5~20 cm，根生葉羽狀，長3~5 cm，莖生葉倒披針形，長0.5~2 cm。花單一，腋生，花瓣4枚，黃色，雄蕊4枚。角果長橢圓形，種子圓形。

花期：10~4月

分佈：全台山區至平地

生育環境：水田、菜圃或溝畔邊

族群現況：常見

莖上一條條成熟的果實。

重要紀事：

十字花科裡的濕地生物種還算豐富，多數生產於南北兩端的溫帶國家，其中，又以碎米薺屬(*Cardamine*)、豆瓣菜屬(*Nasturtium*)及葶藶屬(*Rorippa*)的成員為多。台灣雖無純水生的葶藶屬成員存在，卻有兩棲性的濕生葶藶及喜愛濕潤環境生活的廣東葶藶與奧地利葶藶。

廣東葶藶是一種普遍見於水田環境的植物，族群集中於秋冬兩季發生。成長過程頗具變化，羽狀根生葉如同蓮座般排列，爾後逐漸挺直長出小型化的莖生葉。它的嗜水性並非那麼強烈，也無法產生真正的沉水葉，身份界定，見仁見智。種名*cantoniensis*為廣東之意，指模式標本採獲於中國廣東。

至於同一屬之中的奧地利葶藶(*Rorippa austriaca*)，植株可達80公分，是一種大型且粗壯的挺水植物，目前歸化於花蓮太魯閣國家公園中的蓮花池濕地裡，據說中部地區的香蕉園環境亦有分佈。

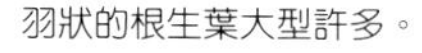

羽狀的根生葉大型許多。

黃色花朵十分細小。

奧地利葶藶可見於東部的蓮花池濕地。

溼生葶藶
Rorippa palustris

科別：十字花科

別稱：沼澤葶藶、齒葉草

形態特徵：

多年生草本，具地下蔓延莖。葉羽狀，平常叢生狀，貼地生長，開花季莖節可上升至60 cm。總狀花序頂生或腋生，花瓣4枚，倒卵形，黃色，雄蕊6枚。角果細長，彎曲狀，長1~1.5 cm。

花期：6~10月

分佈：南投中海拔山區

生育環境：苗圃、菜圃或溝畔邊

族群現況：不普遍歸化

花朵鮮明搶眼。

頂生的花序。

重要紀事：

很早以前台灣的水族業就引進一種原產美國的觀賞水草，即水生葶藶(*R. aquatica*)，但流行沒多久便逐漸失去了蹤影。爾後於紐西蘭探詢水生植物期間，也見到一種長相與水生葶藶十分接近的物種，它就是溼生葶藶。兩者最大差異在於水生葶藶花開白色，而溼生葶藶則盛開黃花。

近些年來台灣的植物文獻，陸續報導溼生葶藶歸化北部的事實，只是一直無緣尋獲，直到2008年夏季前往南投梅峰拜訪友人，才在當地的苗圃、菜園及排水溝邊緣看到龐大族群數量。

就如同名稱一樣，它的的嗜水性強烈，植物體可以完全沉浸水中生活，沉水葉的發展容易且獨樹一幟。平常的植物體叢生貼地生長，感覺好像單生一樣，其實具有發達的蔓生地下莖，可以不斷孕育出新的植株。

等到夏季的開花期間，叢生蓮座狀的植物體，便會抽出直立莖往上竄升，並開出鮮麗的黃色花朵。如果將溼生葶藶移植平地種植的話，開花行為便會完全終止，就如同豆瓣菜的生態模式一樣。種名*palustris*為沼澤或溼地生的意思。

開花季節的植物體形態，見於南投梅峰。

平常的植物體叢生貼地生長。

果實長約1~1.5公分，並不像台灣植物文獻記載的0.3~0.7公分那般短小。

合萌

Aeschynomene indica

科別：豆科

別稱：田皂角

形態特徵：

一年生挺水草本，高60~150 cm，莖木質化。葉羽狀排列，小葉長橢圓形。總狀花序腋生，花淡黃色，花瓣4枚，雄蕊4枚。節莢果長4.5 cm，種子紫黑色，長4 mm。

花期：全年

分佈：全台山區至平地

生育環境：水田、溝邊及濕地環境

族群現況：常見

重要紀事：

豆科植物的成員眾多，是雙子葉家族當中最為複雜的分類群，但其中水生成員卻寥寥無幾，產於熱帶東南亞的浮囊含羞草(*Neptunia oleracea*)，為典型的水生物種，它能發展出如同水龍般的白色浮水囊，匍匐於水表上生活，為知名的野菜，目前大量栽植於台南及高雄水域。

原生台灣的濕地生豆科植物，只有合萌一種。莖部浸泡水中後，也會發展出海綿質般的呼吸根，類似水丁香或風箱樹的特性。到了仲夏期間的生長旺季，不難在水田環境見到它們，葉片提供黃蝶類良好的食物來源。

熱帶亞洲還分佈著另一種近似的粗糙合萌(*A. aspera*)，差異在於它的果莢具有兩節，而合萌果莢則呈現單一的形狀。種名*indica*為印度之意。

花朵的模樣。

花序展現。

羽狀排列的葉片。

成熟中的節莢果。

浮囊含羞草為真正的水生豆科植物。

合萌為水田裡常見的大型植物，見於宜蘭員山。

爪哇田菁

Sesbania javanica

科別：豆科

別稱：沼生田菁

形態特徵：

一年生挺水草本，高100~360 cm，莖木質化。葉羽狀排列，小葉線形。花2~8朵聚生於葉腋，黃色，上唇背佈紫斑。莢果長15~20 cm。

花期：全年

分佈：台灣山區至平地

生育環境：水田或低平原濕地

族群現況：普遍歸化

鮮明黃花。

花朵的背部佈紫斑。

重要紀事：

一種植物的歸化是否全然有害，其實也沒有絕對的標準。就像爪哇田菁的引進用於水田綠肥，它的歸化反而活絡了生態網路。比方蘭陽平原本身的蝶類資源稀少，每當到了休耕期間，農夫便會播下田菁種子，就在成長的過程中，茂盛的族群吸引黃蝶前來產卵、繁衍及羽化，經常造就了彩蝶滿天飛的田野奇景。

如果將這種概念運用在自家的庭院上，種植蝶類相關的草花樹木，不僅可以享受園藝之樂，更能帶動周邊的生態活力，讓彩蝶飛舞滿園的熱鬧景緻，絕非只是夢幻中的場景。

爪哇田菁原產於熱帶東南亞，算是水田及沼澤裡常見的植物，有時株高可達四公尺，很難相信它是一年生植物。花朵鮮黃，經常佈有紫色斑點，屬於族群內的特徵變化。種名*javanica*為爪哇之意。

細長的莢果。

群生於宜蘭五結濕地裡的族群。

正產卵於爪哇田菁葉上的黃蝶。

微風吹拂的爪哇田菁。

土沉香

Excoecaria agallocha

科別：大戟科

別稱：海漆

形態特徵：

常綠小喬木。葉橢圓形，長5~10 cm，寬2.5~4.5 cm，有柄。葇荑花序頂生或幹生，花單性，綠黃色。蒴果球形，成熟分裂成3小乾果。

花期：全年

分佈：南部沿海

生育環境：溝渠、河道及沿海濕地

族群現況：稀有

重要紀事：

由嘉義東石以南至屏東林邊一帶的沿海水澤環境，除了紅樹林植物之外，親水的木本植物還有大戟科的土沉香。同樣屬於海岸植物的草海桐及苦檻藍，根部就無法長期浸泡水中，因此無法列入水生植物名單之中。

倒是梧桐科的銀葉樹(*Heritiera littoralis*)，於東南亞一帶多與紅樹林植物混生在一起，而且根部也能適應水中生活，雖說分佈在台灣的族群無此生態產生，這裡還是將它列為水生木本植物看待，本文一併介紹。銀葉樹的特色在於葉背銀白，辨識不成問題。族群見於恆春半島、綠島及蘭嶼，屬於罕見的稀有植物。

至於土沉香的另一個名稱「海漆」，指的便是一種能夠生活在鹹水環境，而且枝幹會流出白色汁液的植物。花期多集中於梅雨季節，偶爾綻放於秋冬兩季。種名*agallocha*的直接翻譯為「像沉香」的意思，指的便是它的材質可替代沉香使用。

由枝幹長出的葇荑花序。

有時枝條上會密集長出多數的花序。

頂生的橢圓形葉片。

銀葉樹的葉片銀白，易於辨識。

生長於台南四草沼澤邊緣的土沉香族群。

光滑饅頭果

Glochidion sp.

科別：大戟科

別稱：濕生算盤子

形態特徵：

常綠小喬木，全株光滑，先端枝條紅暈。葉長橢圓形、卵形、披針形或倒披針形，長8~22 cm，寬5~10.5 cm，表深綠，背草綠，有柄。花簇生，枝出。蒴果扁球形。

花期：全年

生育環境：溝邊、池畔或水澤地

族群現況：常見

重要紀事：

相信勤跑水澤環境的朋友，都曾經在池塘邊、湖沼旁、河溝兩岸或沼澤地裡，見過一種親水性的饅頭果屬植物，它就是本文的主角「光滑饅頭果」。外觀形態看似菲律賓饅頭果(*G. philippicum*)，但全株光滑，與密佈短柔毛的菲律賓饅頭果差異頗大。

它的生態就如同茜草科的風箱樹一樣，只要斷落的枝條與水接觸，便能發展出海綿質的呼吸根，水生特質表露無遺。像它這樣普遍分佈的植物，為何台灣的植物文獻沒有任何記載，著實令人深感不解。

在中國方面，親水性的饅頭果屬植物記錄有厚葉算盤子(*G. hirsutum*)一種，它的枝條及果實密生淺黃色柔毛。我在海南島及廣東所觀察的結果，也確實如此，同時現場還混生著光滑無毛的「光滑饅頭果」，兩者實屬不同植物。

另外值得注意的是，中國大陸所稱呼的「算盤子」就是「饅頭果」。此屬植物在花開過後，會在枝條上結下一粒粒如同饅頭狀的果實，感覺就像算盤上的子粒般，所以採用「饅頭果」或「算盤子」都非常貼切。

本種的花朵十分小型。

蒴果自行裂開後，紅色種子清楚可見。

果實有稜，光滑無毛。

生長於桃園龍潭沼池旁的族群。

厚葉算盤子的枝條及果實密生淺黃色柔毛，台灣無分佈。

開花時的身影。

水楊梅

Homonoia riparia

科別：大戟科
別稱：水柳、河岸水楊梅
形態特徵：
常綠灌木。葉互生，線形或倒披針形，長6~20 cm，寬1.5~2.7 cm，有柄。穗狀花序腋生，單性，同株或異株，雌花似球狀，無瓣。蒴果球形。
花期：2~5月
分佈：南部低山區
生育環境：溪畔或河床
族群現況：不常見

重要紀事：

這些年來遊歷不少東南亞國家，每當深入雨林尋蝶攝影時，總會在湍急溪流的石塊間，發現一種葉形近似水柳的灌木佇立其中，完全無懼水流的衝擊，感覺堅毅無比，令人敬畏。

如此獨特的景緻，爾後居然也在台灣南端的溪流處發現，這才恍然大悟，原來水楊梅也分佈在台灣，所以種名*riparia*便是指河岸邊的意思。基本上水楊梅的形態，是由模擬水柳屬植物的葉片，加上與楊梅屬花朵雷同的綜合體，形態獨樹一幟，辨識容易。

大戟科植物的花朵，皆為單性綻放，水楊梅的兩性花序也就顯得截然不同。雄花模樣頗似一粒粒楊梅，雌花則為瓣狀。另外在中國南方或熱帶東南亞地區，經常在溪澗混生一處的植物，為同科中的水油甘(*Phyllanthus parvifolius*)，只是目前在台灣不曾發現其分佈。

開花時的植株形態。

雄花序的小花聚生成球狀。

花序的小花呈瓣狀。

與水柳科植物的外形十分類似。

水油甘同為溪生性植物，分佈在中國南方。

生活於高雄美濃溪流旁的族群。

卵葉齒果草
Salomonia sp.

科別：遠志科
形態特徵：
一年生草本，高8~13 cm。葉4~6枚生於基部，紫紅，卵形，長3~6 mm，寬2~4 mm，有柄。聚繖花序頂生，花細小，紫紅或白色。
花期：9~12月
分佈：金門田埔濕地
生育環境：沙質濕地
族群現況：瀕危

重要紀事：

遠志科的濕地生成員十分稀少，其中知名者僅有齒果草屬中的刺萼齒果草(*S. longiciliata*)，廣泛分佈在熱帶東南亞及中國南方，台灣未見分佈。不過2007年秋末拜訪金門的田埔濕地時，卻意外見到了三株的卵葉齒果草，這是台灣新紀錄的分佈。

卵葉齒果草的植物體紫紅，卵形葉片似心形，零星生長於基部，花序長達十餘公分，小型花朵就聚生在花序的分枝上。植物體纖細，一旦花朵盛開之後，很難支撐上端花開的重量，使花序多半倒斜著生長。

由現場的環境看來，卵葉齒果草喜愛生活在濕沙質的環境，一旁伴生的植物有寬葉毛氈苔、狹葉花柱草、蔥草、硬葉蔥草及異蕊草等。至於刺萼齒果草應該也會分佈在金門島才對，畢竟環境適宜，只是生長的地方，可能要仔細尋找一番。

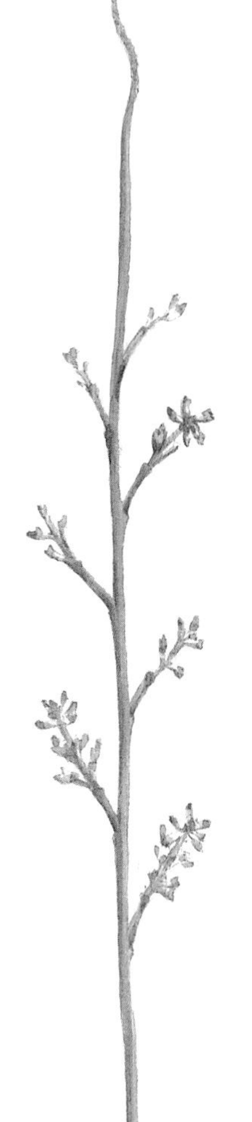

卵葉齒果草的植物體紫紅，卵形葉片似心形，零星生長於基部，花序長達十餘公分，小型花朵就聚生在花序的分枝上。

細長的花莖。

卵葉齒果草的基部葉片形態。

花朵小型，白中帶紫紅。

直立生長的刺萼齒果草。

刺萼齒果草的花序。

伯格草

Bergia ammannioides

科別：溝繁縷科

別稱：田繁縷、莧菜田繁縷

形態特徵：

一年生濕生草本，高10~30 cm，莖佈紅色腺毛。葉對生，倒卵形，長0.5~3 cm，寬0.3~1 cm，無柄。花1~6朵聚生於葉腋，無柄、短或具長柄，花瓣5枚，粉紅色，雄蕊5~10枚。蒴果卵圓形，長2.5 mm，種子橢圓形，褐色。

花期：全年

分佈：南部山區至平原

生育環境：水田、沿海沙質濕地及河岸邊

族群現況：不常見

重要紀事：

伯格草屬的植物也被稱為「田繁縷」，中國地區主要分佈有水生的大葉田繁縷(*B. capensis*)及對於水份需求不是那麼強烈的伯格草。但是在海南植物誌裡，將台灣產花朵具有長柄的物種，鑑定成倍蕊田繁縷(*B. serrata*)，無花柄者才是真正的伯格草。但根據我長年來的觀察，它們都是屬於同一種植物，只是隨環境或季節的變化所產生的族群內變異而已。

比方恆春半島的伯格草族群裡，就會同時出現植物體偏棕紅及白化的個體，這樣的情況就如白苦柱與旱苗蓼的關係一樣，同樣地，在溝繁縷屬植物裡，也會產生無柄或長柄的變化。

基本上伯格草屬於熱帶植物，台灣北部難得一見，族群多分佈在嘉義以南至恆春半島一帶的溪床、水田與濕草地裡，尤其恆春半島的水田環境十分普及。種名*ammannioides*為長相近似水莧菜的意思。

倒卵形的葉片形態。

花朵群生於葉腋處。

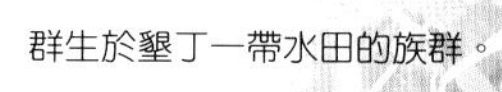

群生於墾丁一帶水田的族群。

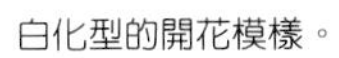

白化型的開花模樣。

白化型的平常模樣。

三蕊溝繁縷

Elatina triandra

科別：溝繁縷科

別稱：短柄花溝繁縷

形態特徵：

一年或多年兩棲草本，莖匍匐貼地生長。葉對生，長橢圓形，長4~10 mm，寬2~3 mm，無柄。花單出，腋生，無或有柄；花瓣3枚，白色，雄蕊3枚。蒴果圓形，種子細小。

花期：全年

分佈：全台山區至平地

生育環境：水田、溝渠或池沼

族群現況：常見

重要紀事：

台灣真的有兩種溝繁縷的存在嗎？就個人二十年來的觀察結論，溝繁縷科植物都有形態上的變異。比方一個區塊中的族群裡，就能夠同時觀察到無柄、短柄或長柄者，原因可能出在於水位變化或日照長短的影響。

相同情況也發生在伯格草身上，短柄或無柄者採用一樣的學名，具有長柄者則用另一種學名(*B. serrata*)，其實指的都是同一種植物。所以依據學名優先發表順序來看，台灣產的溝繁縷屬植物學名應正確採用為*E. triandra*，而非目前普遍使用的短柄花溝繁縷(*Elatina ambigua*)。

一般來說，溝繁縷屬植物都是屬於兩棲性物種，挺水植株十分迷你袖珍，一旦與水接觸後，葉片便會變的大型許多，並轉為黃綠色彩，生命週期也跟著成為多年生植物。如果讀者們想要嘗試種植溝繁縷的沉水形態觀賞，那麼在全台濕潤的水田中或乾淨無福壽螺分佈的流動排水溝裡，不難找到其身影。種名*triandra*為具有三枚雄蕊的意思。

本種的花朵十分微小。

見於宜蘭壯圍水田裡的大族群。

由圖中的沉水族群裡，我們可以見到完全無柄或帶有短柄的果實，它到底是「三蕊溝繁縷」還是「短柄花溝繁縷」呢？

圖中的植株，可以觀察到長柄、無柄及短柄等不同形態。

沉水葉匍匐貼地生長。

一般的挺水族群形態。

耳葉水莧菜

Ammannia auriculata

科別：千屈菜科
別稱：耳基水莧
形態特徵：
一年生挺水草本，高15~50 cm。葉對生，線狀披針形，長3~7 cm，寬4~6 mm，無柄。繖形花序腋生，花瓣4枚，粉紅色，雄蕊4~8枚。蒴果圓形，紫紅色。
花期：全年
分佈：全台山區至平原
生育環境：水田、溝渠或池沼
族群現況：常見

成熟的紫紅果實。

重要紀事：

分佈在台灣的水莧菜屬植物，目前記錄到四種，除了水莧菜的身分無誤以外，其他三種的學名採用，恐怕都有問題。由亞洲的文獻整合來看，耳葉水莧菜(*A. auriculata*)是一種具有4~8枚雄蕊的物種。

然而分佈在台灣的水莧菜屬植物，雄蕊多為4枚，只有長葉水莧菜的雄蕊固定為5枚。由日本發行的歸化植物圖鑑看來，「耳葉水莧菜」指的便是台灣學術界普遍認為的多花水莧菜(*A. multiflora*)，這裡採取相同的看法。

另外在『海南植物誌』及『廣東植物誌』裡皆有記載耳葉水莧菜及多花水莧菜的分佈。為了解開謎團，於2007~2008年間花費了一個月的時間，在兩省境內找尋它們的身影，結果發現兩種極為近似的物種存在。一種是台灣普遍認為的多花水莧菜，另一種則是介於兩者之間的物種，產於海南島，看來水莧菜屬植物的分類，還真是棘手。

就水莧菜屬植物的親水能力來說，耳葉水莧菜是唯一可以經常在流動水溝或溪流裡見到沉水族群的一種，如宜蘭冬山、台北三峽、苗栗銅鑼、南投埔里、屏東五溝水、花蓮吉安及台東池上等地都有分佈。沉水葉較挺水葉來的柔軟許多，綠中帶紅的色彩頗具觀賞價值，是水族市場上廣為流傳的閃亮水草明星。種名*auriculata*為耳形之意，描述葉片基部的模樣。

花瓣及雄蕊皆為4枚。

有時也會產生5枚花瓣。

翠綠的沉水葉族群。

挺水生活的樣子。

生長於宜蘭壯圍水田的開花植株。

水莧菜

Ammannia baccifera

科別：千屈菜科

別稱：漿果狀水莧菜

形態特徵：

一年生挺水草本，高10~50 cm。葉對生，倒披針形，長1~3 cm，寬5~10 mm，無柄。繖形花序腋生，花瓣退化，雄蕊4枚。蒴果圓形，種子紅色。

花期：全年

分佈：全台平地至山區

生育環境：水田、溝渠或池沼

族群現況：常見

幼苗的柔順模樣。

結實累累的水莧菜。

尚未開花的水莧菜，葉片較為大型。

重要紀事：

台灣已知的水莧菜屬植物中，水莧菜的鑑定最為明確，它的花朵無瓣，成為強而有力的證據。但是在中國南方、寮國邊界及泰國北部，亦發現一種形態近似的物種，只是它的植物體大型許多。如果這種大型的水莧菜才是真正的*A. baccifera*，那麼台灣產的「水莧菜」是否需要更改為變種才比較妥當呢？

它的生活形態頗有變化，尤其旱生環境的小型葉片，容易與節節菜屬的五蕊節節菜混淆一起，兩者皆為無花瓣植物，再加上衆多果實群生的情況又一致，經常造成鑑定上的錯誤。不過只要稍微留意，彼此間的區隔還算容易，水莧菜的莖木質化明顯，而五蕊節節菜則屬於道地的軟質莖。

水莧菜的形態看似難以沉水生長，但還是會發展出綠色的沉水葉來，只是成長緩慢，栽培時需要較多的二氧化碳含量及充裕的光線。種名*baccifera*為具漿果之意，但本種的果實其實是蒴果的形態。

這種植物株高可達一公尺，形態近似水莧菜，盛產於中國南方及熱帶東南亞。

本種的花瓣全然退化。

挺水生活於桃園龍潭水田裡的族群

長葉水莧菜

Ammannia coccinea

科別：千屈菜科

別稱：深紅水莧菜

形態特徵：

一年生挺水草本，高30~120 cm。葉對生，線狀披針形，長5~11 cm，寬0.5~1.4 cm，無柄。繖形花序腋生，花瓣4枚，倒卵形，粉紅色，雄蕊5枚。蒴果圓形，種子黃褐色。

花期：全年

分佈：西部及東北部平原至山區

生育環境：水田或池沼

族群現況：局部普遍歸化

重要紀事：

原產於北美洲的長葉水莧菜，先行歸化於日本地區，爾後傳播來台。它的身份還有待商榷，有可能並不是*A. coccinea*這個物種。正如在耳葉水莧菜一文中指出，與它十分接近的成員在亞洲國家可以頻繁看到。

在外觀形態上近似耳葉水莧菜，兩者的簡易區別如下，本種的葉片長5~11公分，雄蕊5枚，莖節常有明顯紅紋；耳葉水莧菜的葉長為2~5公分，雄蕊4枚，莖節無紅紋。目前的分佈以西部較為普遍，產地如台北三峽、新竹竹北、台南南化、高雄美濃及宜蘭礁溪等地，花東地區十分罕見。

水族栽培方面，沉水葉美觀，莖節直立生長，節間的紅紋明顯，比起多花水莧菜來說，更有陽剛之美，值得嘗試種植。種名*coccinea*為深紅色的意思，應該是指成熟後的紫紅果實或莖節間的紫紅色彩。

節間佈有紅紋的長葉水莧菜見於宜蘭壯圍。

花朵鮮明。

紫紅的果實。

早春生育的植物體，近似沉水形態。

花開季節的生活形態。

多花水莧菜 *Ammannia multiflora*

科別：千屈菜科

形態特徵：

一年生挺水或沉水草本，高10~40 cm。葉對生，線狀披針形，長2~5 cm，寬4~6 mm，無柄。繖形花序腋生，花瓣4~5枚，粉紅色，雄蕊4枚。蒴果圓形，種子紅褐色，長1.5 mm。

花期：全年

分佈：全台山區至平原

生育環境：水田、溝渠或池沼

族群現況：常見

重要紀事：

與耳葉水莧菜的身分一樣，多花水莧菜也充滿了謎團。統合各國的文獻看來，多花水莧菜的雄蕊4枚，花瓣細小、早落。但是被台灣學術界普遍認為是*A. multiflora*的物種，應該是耳葉水莧菜(*A. auriculata*)才對。

不過耳葉水莧菜的雄蕊4~8枚，台灣產的卻固定為4枚，這又與原始物種有所差異。但是台灣產近似的耳葉水莧菜及長葉水莧菜，它們的花瓣在水莧菜屬植物裡算是中大型的種類，與原始文獻記載的細小花瓣也有所出入，結論還是一團霧水。

但相信台灣應該沒有多花水莧菜這個物種的分佈，理由是我在2001時見過真正的多花水莧菜，族群自生在雲南西雙版納的水田中。它的形態就介於耳葉水莧菜與小花水莧菜之間，花瓣橙紅帶紫且細小，完全吻合多花水莧菜的文獻描述。只是當時拍攝的幻燈片不知為何遺失，只剩下兩張不盡理想的數位檔，實在難以呈現其真實面貌。

另外我在2007至2008年間也在海南島的水田環境，也發現一種長相介於本種與耳葉水莧菜之間的物種，看來水莧菜屬植物的分類，複雜度如同滾雪球般，難以解決。至於廣佈在中國、日本、歐洲、北美洲、澳洲及紐西蘭的千屈菜(*Lythrum salicaria*)也引進台灣栽植，將來應該也有歸化的一天。種名*multiflora*為多花之意。

這種花瓣細小、果實衆多的植物，才是真正的多花水莧菜。

這是位於雲南西雙版納，生育有多花水莧菜的水田環境，拍攝於2001年夏季 。

這種產於海南島的水莧菜屬植物形態，介於本種與耳葉水莧菜之間，暫稱為海南水莧菜(*Ammannia sp.*)。

千屈菜的外型美觀。

小花水莧菜

Ammannia sp.

科別：千屈菜科
別稱：白花水莧菜
形態特徵：
一年生挺水草本，高20~70 cm。葉對生，線狀披針形，長2~5 cm，寬5~8 mm，無柄。繖形花序腋生，花瓣細小，4枚，白色帶粉紅，雄蕊4枚。蒴果圓形，種子紫紅色。
花期：全年
分佈：全台平地至山區
生育環境：水田、溝渠或池沼
族群現況：常見

重要紀事：

如果以花朵聚生的情況看來，本種繖形花序上的花朵數多達30餘枚以上，加上細小花瓣及4枚雄蕊的特徵，與多花水莧菜(*A. multiflora*)的文獻描述十分雷同。但是偏小的果實又有別於多花水莧菜，所以暫時將本種當成種名不詳的物種看待。

如果個人推測沒錯的話，這種植物應該為全球新的物種，台灣為主要產地，據說菲律賓群島的水田環境亦有分佈，只是真偽如何尚無法得到證實。不過它在台灣的分佈十分普遍，特別喜愛稍為乾旱的水田環境，目前僅於蘭陽平原尚無發現紀錄。

正如先前所言，它的辨識重點在於白色袖珍的花瓣，偏小型的果實及為數眾多的花朵量。再來便是年輕植物體上的莖節處，經常佈有紅色斑紋，與長葉水莧菜的形態略同。

年輕植物體的莖節佈有紅紋。

花序形態與紫紅偏小型的果實。

白色細小的花瓣。

成長過程中的模樣。

花開的植物體形態。

克非亞草

Cuphea cartagenensis

科別：千屈菜科

形態特徵：

一年生挺水草本，高20~45 cm，莖密佈黏性腺毛。葉對生，橢圓形，長2~4 cm，寬1~2 cm，有柄。花單出，腋生；花瓣5枚，紫紅色，雄蕊4~11枚。種子倒卵形，綠至黑色。

花期：全年

分佈：全台平地至山區

生育環境：水田、路旁或濕地環境

族群現況：常見

重要紀事：

在眾多的田間雜草裡，克非亞草的形態普通，花朵也沒有特別引人之處，但是它包裹於萼筒內的蒴果就非常具有特色，果實成熟後會裂開成畚箕狀，而成為鄉下孩童最好的玩伴，村民習慣稱呼為「畚斗花」。

除此之外，克非亞草的莖上密佈黏稠的腺毛，也是特色之一。這種如同茅膏菜科植物的黏液，沒有消化昆蟲的功能，無法歸類為食蟲植物。

在千屈菜科的成員當中，它的適應能力良好，族群的繁衍不一定要在水澤邊，因此水生植物的身分常引起爭議，後來觀察植物體的莖部與水接觸之後，可以發展出白色的海綿質呼吸根，這是只有水生植物才會擁有的特殊器官，過去偏差的想法終於加以修正。

紫紅鮮明的花朵。

蒴果裂開成畚斗狀的模樣，上端還有數粒黑色種子。

莖上的腺體可以黏捕昆蟲，只是無法消化牠們。

與水接觸時，莖部會產生海綿狀的呼吸根。

翠綠的生活模樣。

宜蘭員山水田裡的族群。

水杉菜

Rotala hippuris

科別：千屈菜科

別稱：杉葉節節菜、楊梅節節菜

形態特徵：

多年生挺水或沉水草本，高5~10 cm。挺水葉8枚輪生，線形，長0.5~1 cm，寬1~2 mm，無柄；沉水葉紫紅色，8~15枚輪生。花單出，腋生，花瓣4枚，粉紅色，雄蕊4枚。蒴果圓球形，種子倒卵形，黑色。

花期：4~11月

分佈：桃園、新竹的丘陵地

生育環境：池塘性濕地

族群現況：可能已滅絕

重要紀事：

水杉菜原為日本特有的水生植物，然而於民國80年代初期也在桃園楊梅埔心一帶的沼池中發現。爾後亦在鄰近的龍潭鄉及關西鎮境內，發現數個族群的存在。不過到了1997年時，幾乎所有原始產地皆遭受填土、放養經濟性魚類及福壽螺危害等災變，短時間集體消失。

往後的日子，尋找它的努力未曾停止，三年又過去了，始終一無所獲，2000年新世紀來臨時，不得不接受它在台灣滅絕的事實。然而2001年夏天，友人張庭豐竟然又在龍潭與關西鎮交界的山區找到了水杉菜族群，這真是令人振奮的好消息。

生育環境依舊是蓄水灌溉用的古老池塘，面積不大，四周長滿了繖房刺子莞草與水毛花，水杉菜混生在小莕菜及絲葉石龍尾等珍稀植物之間。不過畢竟植物體柔弱，隨著當地強勢物種的族群擴張，兩年後再次消失無蹤。

水杉菜是一種嬌柔又美麗的水生植物，矮小的挺水植物體沉浸水中後，便會拉長莖節，並發展出紫紅閃亮的沉水葉，坊間的水族館裡普遍都有，種源保存無慮。種名*hippuris*為木賊草之意，形容茂密的葉片輪生模樣十分類似木賊。

台灣的族群多開粉紅花朵。

水杉菜的開花形態。

挺水生活的族群。

紫紅美麗的沉水葉模樣。

這是2001年夏末見到最後的水杉菜野生族群。

印度節節菜

Rotala indica var. uliginosa

科別：千屈菜科

別稱：印度水豬母乳、濕生節節菜

形態特徵：

一年生挺水草本，高3~20 cm。葉對生，長橢圓形，長0.3~1 cm，寬1.5~6 mm，無柄。花單出，腋生；花瓣4枚，紫紅色，雄蕊4枚。蒴果卵圓形，種子紡錘形，紫黃色，長0.8 mm。

花期：全年

分佈：全台平地至山區

生育環境：水田、池塘、溝渠或沼澤濕地

族群現況：常見

重要紀事：

分佈在台灣的印度節節菜，在形態上確實與熱帶東南亞產的原種(*R. indica*)有所不同；後者的莖節粗壯，植物體也高大許多，開花形態近似五蕊節節菜，所以本種採用變種的方式處理，應該是較為妥當的方式。

台灣產的這個變種，主要分佈在日本、韓國及中國大陸。形態隨著季節更替而改變，冬天的植株矮小、紫紅，夏季則粗壯、大型，直立生長的葉形頗似圓葉節節菜。族群遍及全台各地水田或濕地環境中。

一般來說，節節菜屬的成員都有柔順細長的沉水葉，色彩以紫紅或金黃為主。然而本種的沉水葉呈綠色，而且莖節直立生長，完全沒有柔順之感，陽剛氣質獨樹一幟，頗受到水族市場的青睞。變種名 *uliginosa* 為沼生或濕地生之意。

開花時的生活形態。

夏季群生的族群。

產於熱帶東南亞的印度節節菜原種，植物體大型粗壯。

袖珍的紅花。

沉水生活的模樣。

原種印度節節菜的開花形態，有別於台灣產者，反而比較近似五蕊節節菜。

挺水生活的族群，見於台北福隆。

墨西哥節節菜

Rotala mexicana

科別：千屈菜科

別稱：輪生葉節節菜、輪生葉水豬母乳

形態特徵：

一年生挺水或沉水草本，莖匍匐貼地生長。葉3枚輪生，線形，長0.5~1 cm，寬1~2.6 mm，無柄。花單出，腋生，花瓣退化，雄蕊3枚。蒴果圓形，種子腎形，黑色，長0.1 mm。

花期：全年

分佈：全台平地

生育環境：水田、池塘或沼澤濕地

族群現況：不常見

結實纍纍的植物體。

本種的花朵細小，花瓣退化。

重要紀事：

墨西哥節節菜是一種迷你袖珍的水生植物，挺水族群矮小，喜愛匍匐貼地生長，沉水後的葉片發展更加細長，輪生葉也會多出1~2枚，色彩則轉為翠綠或金黃。

它的沉水狀況雖然良好，野外環境卻難得見到沉水族群的存在，令人百思不解。分佈遍及全台的水田或池塘環境，部分地區較為普遍，如台北雙溪、新竹仙腳石、苗栗銅鑼、南投埔里、嘉義市、台南林鳳營及花蓮光富等地。

照理說本種的原始產地為中美洲的墨西哥，自然傳播來到台灣應該很難，但是其族群卻廣佈整個熱帶東南亞、中國南方及澳洲。如果以地緣性來說，應該屬於歸化物種才對，但好像又從來沒人提起這樣的問題，同樣藉由候鳥傳播而來的美洲節節菜及長葉水莧菜，卻被冠上「歸化」的頭銜。種名*mexicana*就是墨西哥的意思。

生活在楊梅富岡里水田中的墨西哥節節菜。

圓球狀果實多呈紅色。

沉水葉偏綠色。

美洲節節菜

Rotala ramosior

科別：千屈菜科

別稱：分枝節節菜、美洲水豬母乳、台灣水莧菜

形態特徵：

一年生挺水草本，高10~20 cm。葉對生，倒卵形，長2.5 cm，寬5 mm，無柄。花單出，腋生；花瓣4枚，粉紅色，雄蕊4枚。蒴果卵圓形，種子黃褐色，長0.5 mm。

花期：全年

分佈：東部及南部低山區至平原

生育環境：水田或沼澤濕地

族群現況：普遍歸化

重要紀事：

普遍歸化於花東兩縣的美洲節節菜，原產於美國及墨西哥，目前亦見於菲律賓、日本及印尼的許多島嶼上，相信應該有更廣泛的分佈才對。

在花東縱谷裡，美洲節節菜算是水田中最為常見的雜草之一。植物體綠中帶紅，偶爾也會出現翠綠的族群。莖節稍微木質化，沉水葉的發展良好，而且會轉換成柔軟形態，尚稱美觀。早期曾以台灣水莧菜(*Ammannia taiwaniana*)發表為新物種，後來才被訂正成現有的名稱。猜想當時的命名者，可能因為木質莖的關係，才放置在水莧菜屬之中。

另外值得探討的是，一般我們對於節節屬植物的印象良好，所以像美洲節節菜這種植物體大小適中，又非強勢物種，而且可以長出沉水葉的外來物種，特別討人喜愛。其實它的歸化問題亦如同布袋蓮、大萍或人厭槐葉蘋一樣，都會危害到本土植物的生活領域，我們應該要一視同仁才對。種名*ramosior*為多分枝之意，指的便是植物體的形態。

本種的花瓣不明顯。

成熟的果實。

冬季的生活形態。

也經常出現綠色族群，見於花蓮吉安。

叢生的大族群。

夏季挺水生活的族群。

五蕊節節菜
Rotala rosea

科別：千屈菜科

別稱：紅節節菜、五蕊水豬母乳

形態特徵：

一年生挺水草本，高6~25 cm。葉對生，線形，長0.8~2 cm，寬2~7 mm，無柄。花單出，腋生，花瓣退化，雄蕊5枚。蒴果橢圓形，種子黃色，長0.5 mm。

花期：全年

分佈：全台平地至山區

生育環境：水田或沼澤濕地

族群現況：不常見

重要紀事：

在節節菜屬植物中，五蕊節節菜的花部器官有5枚大型雄蕊，也因此而得名。除此之外，老熟階段的莖節會由乳白轉為紅色，種名*rosea*便是玫瑰色之意，所以又有「紅節節菜」之稱。

它在台灣的分佈廣泛，族群主要見於西部地區，局部多產卻不是常見的物種。重要產地如桃園龍潭、楊梅，新竹竹北、關西，苗栗三義、銅鑼，南投埔里以及台南林鳳營等地。

以埔里的產地來說，族群與豬毛草、虻眼、白藥穀精草及圓葉節節菜混生在一起。平常莖節直立生長，到了成長末期，豐滿的果實重量常導致斜向生長。也因為這種豐滿的形態雷同水莧菜，所以在日本或台灣的多數植物書籍裡，經常採用水莧菜的圖片充當五蕊節節菜；兩者的區別方式，請參考水莧菜一文(第214頁)。

平常生活的挺水模樣。

莖節經常轉紅，又有「紅節節菜」之稱。

大量開花時植物體多為倒臥生長，見於南投埔里。

花瓣退化，雄蕊大型。

球狀的果實。

難得看到如此親水的族群。

圓葉節節菜

Rotala rotundifolia

科別：千屈菜科

別稱：圓葉水豬母乳、小圓葉

形態特徵：

多年生挺水或沉水草本，高5~25 cm，具匍匐走莖。挺水葉對生，圓形，長0.8~1.7 cm，寬0.5~1.5 cm，無柄；沉水葉變化多端，由卵形至線形，色彩有翠綠、金黃到紫紅。穗狀花序頂生，花瓣4枚，粉紅或白色，雄蕊4枚。蒴果橢圓形，種子黃色，長0.5 mm。

花期：全年

分佈：全台平地至山區

生育環境：水田、溝渠、池塘或沼澤濕地

族群現況：常見

重要紀事：

節節菜屬的成員是一群長相秀麗的植物，偏偏國內的學術書籍採用「水豬母乳」的名稱，雖然具有鄉土氣息，卻與形象有別，「節節菜」的稱呼似乎較為貼切。

水生植物的世界裡，圓葉節節菜可說是響叮噹的明星物種，沒有任何一種水草可以媲美它那多樣的沉水葉色彩，不同區域產生的族群，會由翠綠、金黃到紫紅都有，而且輪生葉遊走在圓形、卵形至線形間，「水草魔術師」的雅稱非它莫屬。也因為搶眼的觀賞價值，廣受全球水族市場的青睞，成為歷久不衰的暢銷草種。

在這多樣的族群裡，分佈在北濱公路沿途的綠色族群，是比較引人矚目的品系，花朵潔白，沉水葉翠綠無比，相同族群也見於桃園龍潭。種名*rotundifolia*為圓葉之意。

紅與綠色混生的沉水葉族群，見於桃園龍潭水田。

開紅花的挺水族群。

綠色族群的花色較清淡或白色。

宜蘭冬山湧泉排水溝裡的紅色沉水族群，美得令人讚嘆。

正常族群的花朵色彩粉紅。

冬季見於桃園龍潭溝渠中的族群。

瓦氏節節菜

Rotala wallichii

科別：千屈菜科

別稱：紅松尾

形態特徵：

多年生挺水或沉水草本，高5~10 cm，具匍匐莖。挺水葉6~9枚輪生，線形，長5~8 mm，寬0.5~2 mm，無柄；沉水葉6~12枚輪生，細長。穗狀花序頂生，花瓣4枚，粉紅色，雄蕊5枚。蒴果圓形，種子微小。

花期：9~11月

分佈：東南亞

生育環境：林下沼澤或池邊

族群現況：不明

重要紀事：

在水族市場上我們很容易買到一種沉水葉紫紅的「紅松尾」，它就是原產於東南亞的瓦氏節節菜。為了釐清與「南仁節節菜」的模擬關係，查閱文獻之後前往泰國的原產地Khaoyai國家公園找尋其蹤影。

瓦氏節節菜生育的現場，與南仁湖的環境雷同，都是生活在稍有遮蔭的林下沼池中。兩者的主要差異在於瓦氏節節菜的挺水葉6~9枚輪生，葉寬0.5~1.5 mm，花瓣4枚，雄蕊4枚；南仁節節菜的挺水葉3~5枚輪生，葉寬3 mm，花瓣4~6枚，雄蕊5枚。平心而論，兩者的花形接近，其他形態還是有所差異，應該屬於極為近似的不同物種。

如果仔細觀察瓦氏節節菜的生態便能明瞭，它的葉片形態變化多端，夏季型挺水葉近於針狀，頗似水杉菜，低溫期才轉為「南仁節節菜」型的葉片，植物體相對也袖珍許多。但是在相同環境下觀察南仁節節菜，它的挺水葉形態就沒有這般多樣性的變化。種名*wallichii*為姓氏稱呼。

低溫期的葉片形態。

沉水葉接近水杉菜。

花朵的展現。

圓形的果實。

泰國Khaoyai國家公園中的生育地現場。

高溫期的葉片形態。

南仁節節菜

Rotala sp.

沉水葉柔和而美麗。

科別：千屈菜科

別稱：黃松尾

形態特徵：

多年生挺水或沉水草本，高5~20 cm，具匍匐莖。挺水葉3~4枚輪生，線形，長1 cm，寬3 mm，無柄；沉水葉3~6枚輪生，細長。穗狀花序頂生，花瓣4~6枚，粉紅色，雄蕊5枚。蒴果長橢圓形，種子長橢圓形，淡黃色，長0.2 mm。

花期：6~10月

分佈：恆春半島及宜蘭山區

生育環境：池塘或沼澤濕地

族群現況：稀有

重要紀事：

節節菜屬植物皆為水生成員，而且多為兩棲性物種，南仁節節菜亦同，它的身份尚待確認；國內分類系統多將它鑑定成瓦氏節節菜(*R. wallichii*)，兩者的探討問題，請參考瓦氏節節菜內文（第236頁）。

南仁節節菜的原始產地位於恆春半島的南仁湖沼澤區，生活在主湖地帶附近的幾座小水池中。幾年的觀察下來，族群日漸強盛。它的沉水葉色彩介於紫紅、金黃至綠色之間變換，但不是固定型態，而是隨著陽光照射的多寡與水中營養成分，來決定色彩的展現。

照理說，南仁節節菜屬於熱帶植物，應該無法生育於中海拔的溫帶環境，然而宜蘭員山鄉海拔約900公尺的坔埤沼澤地，也有自然族群的存在，並且生活在林下的排水溝裡，只是數量稀有。

它如何傳播到坔埤，是留鳥習慣往返於恆春半島間，還是有雁鴨曾經遷移在日本、坔埤與菲律賓間的水域，才有可能攜帶這種熱帶植物來此定居？還是早期人為野放實驗的結果？似乎難有讓人滿意的答案產生。

總而言之，一種熱帶植物會出現在溫帶沼澤中，並與北方寒帶系統的白穗刺子莞與分株假紫萁共生一處，顯得怪異十足，原因為何，恐怕將永遠成謎。

挺水開花的族群。

頂生的穗狀花序。

分佈在南仁湖的族群。

穗花棋盤腳

Barringtonia racemosa

科別：玉蕊科

形態特徵：

落葉性小喬木。葉倒披針形，長20~30 cm，寬10~15 cm，有柄。總狀花序腋生，花粉紅或白色，雄蕊多數。果卵圓形，長6 cm，有稜。

花期：6~10月

分佈：宜蘭、台北及恆春半島低平原

生育環境：溝旁或池塘邊

族群現況：稀有

重要紀事：

玉蕊科植物的成員並不多，台灣分佈兩種，一種是生育在恆春半島及蘭嶼海岸的「棋盤腳」，一種則是濕地生的「穗花棋盤腳」，見於台北、宜蘭及恆春半島的低平原地帶，它們共同的特色便是花朵於夜間綻放，並具有芬芳味道。

如果仔細觀察穗花棋盤腳的生態，便能發現花朵深受各類夜行性昆蟲的喜愛，而且果實具有洗滌髒污的功能，樹型優美而廣被栽培於庭園或路旁行道樹，是一種難能可貴的濕地植物。

它為落葉性喬木，六月下旬陸續綻放花朵，直到仲夏夜晚達到高峰期。一般來說，以蘭陽平原的自然分佈族群較為普遍，台北縣見於雙溪、貢寮及金山的沿海山區溝渠旁，而恆春半島則群生於牡丹鄉的溪畔邊。種名*racemosa*為總狀花序之意。

穗花棋盤腳的果實，卵圓形，長約6公分，有稜。

穗花棋盤腳的總狀花序腋生，花粉紅或白色，雄蕊多數。

潔白花朵的族群較為少見。

一般花朵帶有粉紅色彩。

六月份成長中的葉片形態。

成串的果實。

落葉後，嫩葉於春季成長。

生活在蘭陽平原田梗邊的族群。

水社野牡丹

Melastoma intermedia

科別：野牡丹科

別稱：細葉野牡丹

形態特徵：

小型亞灌木，高20~60 cm，葉橢圓形，長2~4 cm，寬1~2 cm，被毛。花單一或2~3朵聚生於先端，花瓣4~5枚，紫紅或玫瑰紅。果卵形，長6~8 mm。

花期：6~10月

分佈：南投日月潭

生育環境：沼澤

族群現況：滅絕

四枚花瓣花朵較少見。

一般皆為五枚花瓣。

重要紀事：

西元1929年，日籍學者工藤祐舜、佐佐木順一及山本由松等三人，前往日月潭沼澤區進行植物調查與標本採集，發現了水社野牡丹的存在，之後由佐佐木順一將其發表為新種(*Melastoma kudoi*)；不過後來不知為何又被訂正為*M. intermedia*。

*M. intermedia*為熱帶環境產的沼澤植物，基本上不太可能生活在冬季湖水冰冷的日月潭沼澤區，並與子午蓮、尖葉眼子菜及微齒眼子菜這些溫帶植物混生在一起。推測當時發現的沼生性野牡丹，應該是全新的物種才對。不過話說回來，日月潭沼澤區早已隨水庫的興建而破壞殆盡，真偽如何難以判斷。

不過我在2007~2008年三度拜訪中國海南島期間，見過不少水社野牡丹族群。它的水生特質明顯，下部浸泡水裡的枝幹，都長了一層厚厚的海綿質呼吸根。植物體矮小，高度幾乎都介於20~50 cm之間。花朵比起葉片大型許多，十分美觀。

果實的形態。

葉片小型。

平常的生活模樣。

生活在中國海南島沼澤中的水社野牡丹族群。

角果木

Ceriops tagal

科別：紅樹科

別稱：細蕊紅樹

形態特徵：

常綠灌木或小喬木。葉對生，倒卵形，長6~10 cm，寬2~5 cm，有柄。聚繖花序腋生，花瓣5枚，白色，先端凹入，棒狀刺毛3~4條。著生胎生苗，胚軸長15~30 cm，有縱稜。

花期：幾乎全年

分佈：南部河口

生育環境：沿海濕地

族群現況：滅絕

角果木的全株形態，拍攝於中國海南島。

重要紀事：

台灣的植物文獻曾經記載了角果木的分佈，但真偽如何衆說紛紜，假如以地理位置來看，西部台南或高雄的泥灘環境有其分佈，也是理所當然之事。

角果木是一種紅樹林植物，廣佈於熱帶亞洲，中國南方也有普遍分佈，曾於海南島的文昌沿海濕地，發現過純林的族群。當地混生對象有水筆仔、紅海欖、桐花樹、木欖、土沉香及水椰子等。

它的長相有些近似水筆仔，不過花型截然不同。胎生苗具有明顯縱稜，也容易與水筆仔的光滑胎生苗進行區隔。還有角果木的花朵非常具有特色，在花瓣先端有3~4枚棒狀的刺毛，感覺就像雄蕊一樣。胎生苗於成熟階段由綠轉為紫色，也相當特別。

本種的胎生苗具稜。

聚生一起的花朵。

倒卵形的葉片。

正轉變為紫色的胎生苗。

水筆仔

Kandelia obovata

科別：紅樹科

別稱：秋茄

形態特徵：

常綠小喬木。葉對生，長橢圓形，長6~15 cm，寬2~6 cm，有柄。聚繖花序腋生，花瓣4~5枚，白色，雄蕊多數。著生胎生苗，胚軸長12~25 cm。

花期：6~8月

分佈：北部及西部河口

生育環境：鹹水溝渠、河口以及沿海濕地

族群現況：不常見

重要紀事：

紅樹林植物是一群生活在河口泥濘環境的特殊植物群落，分佈在台灣的水筆仔便是其中典型的成員份子。它是一種常綠性小喬木，樹幹基部與水接觸的部位，會膨大成海綿質模樣，這是水生植物才擁有的特殊器官。

每年到了六月份，花朵陸續綻放，成熟果實不會脫離，繼續著生於母體上，形成胚軸狀的苗株，隨後才落地，是植物世界裡難得一見的胎生行為。不過通常掉落的剎那間，假如沒有理想定著在周圍的泥灘地上，便無法順利成長。

早期學名採用*K. candel*，後來才被證實為不同物種。族群主要出現在台北關渡的淡水河口，據說為全球最大的純林密集區。另外在西部的部分河口區，也有普遍分佈，如新竹紅毛港、苗栗中港溪口、台中大甲溪口及嘉義朴子溪口等區域。

生活於新竹新豐河口的年輕水筆仔族群。

筆狀的胎生苗。

長橢圓狀的葉片形態。

潔白的花朵。

群生的開花族群。

紅茄苳

Rhizophora mucronata

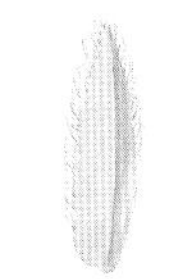
紅茄苳花瓣外部

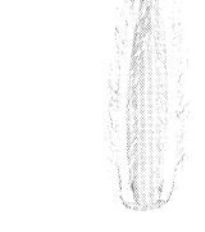
紅茄苳花瓣內部

紅海欖花瓣外部

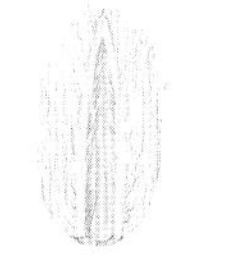
紅海欖花瓣內部

紅茄苳的花瓣寬披針形，緣毛短，紅海欖的花瓣長披針狀，緣毛長。

紅茄苳的聚繖花序近腋生，花瓣4枚，寬披針形，乳黃色，緣毛短，雄蕊8枚。

科別：紅樹科　**別稱**：五梨跤

形態特徵：

多年生常綠小喬木，支持根生長旺盛。葉對生，卵形，長8~14 cm，寬4~6 cm，先端鈍狀尖頭。聚繖花序近腋生，花瓣4枚，寬披針形，乳黃色，緣毛短，雄蕊8枚。著生胎生苗，胚軸長20~40 cm。

花期：不明　**分佈**：高雄河口　**生育環境**：沿海沼澤

族群現況：滅絶

重要紀事：

紅茄苳的另一個名稱就是「五梨跤」，而以往普遍使用的這一個名稱，指的是產於南部的「紅海欖」，其實是兩種近似植物的錯誤辨認，真正的紅茄苳早就在台灣滅絕。兩者的區別如下：紅海欖的花瓣長披針形，緣毛甚長，紅茄苳的花瓣披針狀，緣毛短小。

據說紅茄苳先前還分佈在高雄港附近，隨著國家建設，而使其族群消失殆盡；不過事實難以考證。就我的認知，像海桑(*Sonneratia alba*)、木欖(*Bruguiera gymnorrhiza*)及水椰子(*Nypa fruticans*)等紅樹林植物，廣泛分佈於熱帶東南亞，甚至於日本的琉球群島亦有紀錄，所以早期台灣的西南海岸也應該都有它們倩影才對。

不管如何，紅茄苳確實消失了，將來是否還有機會隨潮流引來胎生苗的定居，機會應該十分渺茫，只希望同類中的紅海欖及欖李，可以安逸地生存下去，那就謝天謝地了。還有我總覺得紅樹(*Rhizophora apiculata*)，比較有可能分佈在台灣，那是因為中國或日本都沒有紅茄苳的紀錄，而紅樹則廣佈於中國南方。種名*mucronata*為微凸形之意，真正含意無法理解。

木欖的開花形態。

海桑的果實與花朵。

叢生形態的水椰子。

紅樹的花瓣光滑，可與紅茄苳及紅海欖輕易區別。

紅海欖

Rhizophora stylosa

科別：紅樹科

形態特徵：

多年生常綠小喬木，支持根生長旺盛。葉對生，卵形，長8~14 cm，寬4~6 cm，先端尖芒狀。聚繖花序近腋生，花瓣4枚，細披針形，乳黃色，緣毛甚長，雄蕊8枚。著生胎生苗，胚軸長20~40 cm。

花期：6~8月

分佈：嘉義至高雄河口區

生育環境：鹹水溝渠、河口以及沿海濕地

族群現況：稀有

重要紀事：

紅茄苳(*R. mucronata*)與紅海欖(*R. stylosa*)，是兩種長相近似的物種，主要差異在於後者花瓣為尖細的長披針形，緣毛甚長，而前者花瓣則為寬闊的披針狀，緣毛短小。假如稍有疏失的話，便會造成鑑定上的錯誤，早期我們熟知的五梨跤（紅茄苳），其實是紅海欖才對。至於真正的紅茄苳，早就滅絕了。

紅海欖為熱帶性的紅樹林植物，台灣產的族群狹隘分佈在台南沿海一帶，有潮汐漲退的河口區、溝岸邊或魚塭旁。生態習性與水筆仔雷同，都屬於胎生植物類群的家族成員。現場多與海茄苳、欖李或土沉香混生在一起。

它的特色還包含怪異的支持根，多數長在樹幹的基部，用以固定植物體，也會由枝幹處伸展出來，就像一根根大型的叉子般，別具風味。種名*stylosa*為具有明顯花柱的意思。

支持根的怪模樣。

著生的胎生苗形態。

本種花瓣細尖，緣毛甚長，可與紅茄苳的寬披針狀花瓣及短緣毛有所區別。

本種具有尖芒狀的葉端。

見於台南四草附近鹹水溝渠中的紅海欖。

欖李

Lumnitzera racemosa

科別：使君子科

形態特徵：

多年生常綠小喬木。葉互生，倒卵形，長1.5~6 cm，寬2~3 cm，肉質，有柄。總狀花序腋生，花瓣5枚，白色，雄蕊10枚。果倒卵形，長1.3 cm。

花期：5~7月

分佈：嘉義至屏東的沿海區域

生育環境：鹹水溝渠、河口以及沿海濕地

族群現況：稀有

重要紀事：

我們都知道紅樹林植物是一群生活在沿海潮汐漲退環境中的特殊植物群落。它們對於鹽分的需求甚高，像海茄苳、水筆仔或紅海欖，如果脫離了鹹水環境，幾乎就無法存活下去。

不過並不是所有的紅樹林植物都必須如此依賴鹹水環境，假如將它們移植到純淡水域，還是有部分物種可以生存下來，欖李就是很好的例子。這樣的習性可由植物的自然分佈情況窺知一二。台灣的欖李族群主要生活在河口區域，假如勤跑東南亞國家的話，便能察覺它也經常出現在遠離鹹水地帶的河道邊或沼澤裡，理所當然可以適應淡水生活。

它的花期也是所有紅樹林植物當中最為短暫的一種，想要觀察就必須把握5~7月間的黃金時期，否則八月過後將只能看到成熟的果實。種名*racemosa*為總狀的意思，形容花序的模樣。

見於台南四草鹹水魚塭旁的身影。

果實翠綠。

潔白花朵。

葉片倒卵形。

盛開花朵的植株模樣。

白花水龍

Ludwigia adscendens

科別：柳葉菜科

別稱：延升水龍

形態特徵：

多年生浮水或挺水草本，莖斜向生長，可上升至30 cm。葉互生，長橢圓形，長3~6 cm，寬1.6~2.5 cm，有柄。花單出，腋生；花瓣5枚，白色，雄蕊10枚。蒴果香蕉狀，種子長方形，長1.5 mm，褐色。

花期：全年

分佈：南部及東部的平地至低山區

生育環境：溪流旁、水田、池塘及沼澤濕地

族群現況：不常見

重要紀事：

在東南亞地區分佈兩種開白花的水龍類植物，一種是植物體多毛的匍匐毛水龍(*L. repens*)，再來便是植物體光滑的白花水龍，兩者也經常被合併一起。曾多次見過匍匐毛水龍，確實屬於不同物種。目前花市將匍匐毛水龍充當白花水龍出售，將來有大量歸化的可能。

台灣產的白花水龍不是到處可見，自然分佈以高雄及屏東兩縣境內為主，如高雄左營、岡山，屏東林邊、萬巒及恆春半島等。花東地區亦有天然族群分佈，只是難得一見。種名*adscendens*為上昇之意，形容可以蔓延甚長的匍匐莖。

同屬的成員裡，台灣水龍的長相近似，主要的差異在於本種的花朵潔白，有果實產生，莖節經常保持紫紅，而台灣水龍則盛開黃花，無果實產生，莖節綠黃色。兩者已知的混棲地點位於屏東萬巒的五溝水溪流中。

紅色的莖可與台灣水龍進行區隔。

花朵全年綻放。

成熟中的果實。

自生於屏東佳平溪的族群。

匍匐毛水龍的葉背多毛，可與白花水龍進行區隔。

浮於水表生活的族群，便會長出白色氣囊狀的變態根。

翼莖水丁香

Ludwigia decurrens

科別：柳葉菜科

別稱：方果水丁香

形態特徵：

多年生挺水草本，高50~240 cm，莖有翼。葉互生，披針形，長6~15cm，寬0.8~3.5 cm。花單出，腋生，花瓣4枚，黃色，雄蕊8枚。蒴果方形，種子橢圓形，長0.4 mm，米色。

花期：全年

分佈：全台平地至山區

生育環境：水田、池塘及沼澤濕地

族群現況：普遍歸化

重要紀事：

來自美國的翼莖水丁香，是一種大型的歸化植物，夏季的植物體高達240公分，它在日本、菲律賓、印尼及斯里蘭卡也普遍分佈。種名*decurrens*為下延的意思，指的是莖上的薄翼。

1996年秋季首先於台北三峽的水田中發現它們，之後陸續在桃園、新竹、苗栗、台中、彰化、雲林、嘉義、台南、高雄、屏東及宜蘭等縣市的多處地點，見到族群蔓延的情況，可見台灣的分佈已十分普遍。這種植物的特色除了莖上有翼以外，還有方形的果實，所以又有「方果水丁香」之稱。

另一種來自南美洲，形態近似水丁香，植株高達三公尺，花朵大型的秘魯水丁香(*L. peruviana*)，也廣泛歸化在印尼、斯里蘭卡、菲律賓及澳洲地區，將來亦有機會隨候鳥的攜帶傳播來台定居。而水族俗稱「大紅葉」的觀賞水草「腺體水丁香」(*L. glandulosa*)，也零散歸化在全台的水田中。

冬季見於桃園龍潭的龐大開花族群。

大型的花朵。

矮小植株的模樣。

方形的蒴果。

莖上佈有薄翼。

秘魯水丁香的花朵顯眼且大型。

全株紫紅的腺體水丁香，觀賞價值十足。

假柳葉菜

Ludwigia epilobioides

科別：柳葉菜科

別稱：丁香蓼

形態特徵：

一年生挺水草本，高20~60 cm，莖有稜。葉互生，線狀披針形，長4~8 cm，寬0.8~1.5 cm，有柄。花單出，腋生，花瓣5~6枚，黃色，雄蕊5~6枚。蒴果圓柱形，種子長橢圓形，長0.7 mm，米色。

花期：全年

分佈：全台平地至山區

生育環境：水田、溝渠、池塘、湖沼及濕地

族群現況：常見

重要紀事：

柳葉菜科的水生成員衆多，主要包含在水丁香屬及柳葉菜屬(*Epilobium*)之中；不過台灣雖然分佈多種的柳葉菜屬成員，卻沒有沼澤生的物種存在。

顧名思義，假柳葉菜就是一種長相近似柳葉菜屬成員的植物。在同屬成員中，它的外觀形態最為接近小花水丁香，但果實卻為細長的圓柱形，而小花水丁香則是短小的方形，區隔還不算困難。

除此之外，它的花朵形態也與細葉水丁香相互模擬，還好本種的花瓣數5~6枚，而細葉水丁香則固定為4枚花瓣，還是有差異之處。平常以挺水形態出現，也可以沉浸水中生活，沉水葉的發展良好。不僅如此，植物體能夠如同水龍類一樣，浮游在水表上蔓延，並發展出海綿質狀的白色浮水囊呼吸根，習性十分多樣。

分佈在宜蘭壯圍水田中的族群。

葉片及周圍的白色呼吸根。

小型的黃花。

細瘦的圓柱狀蒴果。

秋季經常出現紫紅的莖節。

匍匐水表生活的形態。

細葉水丁香

Ludwigia hyssopifolia

夏季寬葉型的開花植株，見於宜蘭員山。

科別：柳葉菜科

形態特徵：

一年生挺水草本，高10~190 cm，莖有稜。葉互生，廣披針形，長2~9 cm，寬0.5~5 cm，有柄。花單出，腋生；花瓣4枚，黃色，雄蕊8枚。蒴果圓柱形，種子卵形，褐色。

花期：全年

分佈：全台平地至山區

生育環境：水田、溝渠、池塘、湖沼及濕地

族群現況：常見

夏季的花朵展現。

重要紀事：

相信許多人都有這樣的疑惑，細葉水丁香的葉片怎麼看都是寬大的，似乎與「細葉」的名稱格格不入。的確，在尚未開花的階段，它的葉片寬達5公分，是同屬中最大的尺碼。但是到了開花季節，上端葉片的展現便會逐漸縮小，推測當初的命名者，可能只是查看到老熟開花的植物體形態，就直接了當取名為「細葉水丁香」，才導致往後名稱上使用的不便與誤導。

它的外觀形態也會隨季節而改變，像冬季的植物體矮小，而且葉色經常保持紫紅或棕紅，到了氣溫回升期間，才又變成高大翠綠的模樣，觀察時要特別注意。

還有直立生活的水丁香屬植物都有共同的生態特色，那便是浸泡在淺水域的植物體會在周圍的土表上，長出如同海綿質般的白色呼吸根，特色十足。種名*hyssopifolia*為像牛膝草葉的意思。

紫紅細長的蒴果。

平常的葉片十分寬大。

南部族群有時也會長得如此巨大，高達220公分。

冬季的面貌

水丁香

Ludwigia octovalvis

春季見於宜蘭員山水田中的族群。

科別：柳葉菜科

別稱：黃花水丁香

形態特徵：

一年或兩年生挺水草本，高20~200 cm，莖有稜。葉互生，狹披針形，長3~11 cm，寬0.7~1.7 cm，有柄。花單出，腋生；花瓣4枚，黃色，雄蕊8枚。蒴果圓柱形，種子圓形，長0.6 mm，褐色。

花期：全年

分佈：全台平地至山區

生育環境：水田、溝渠、池塘、湖沼及濕地

族群現況：常見

黃色大型的花朵。

重要紀事：

在我們那個年代的鄉下環境，沒有什麼玩具，取材多半來自於田野間的花草樹木或其他生物。我們習慣稱水丁香為「香蕉草」，那是因為成熟果實的長相，好像一根根縮小版的香蕉，孩提時代的玩伴少不了它，所以談起它時的記憶也就特別深刻。

這種植物的莖節木質化明顯，通常為兩年生，才會陸續枯萎死亡，生活史較為奇特。還有它的植物體粗壯，可以長至兩公尺高，花朵大型又鮮明，是田野裡耀眼的明星。

其他辨識的重點還有葉片多毛，同樣高大的細葉水丁香及翼莖水丁香就無此特徵。族群蹤影隨處可見，是水田環境主要的植被組成份子之一。種名*octovalvis*為八枚雄蕊之意。

年輕植物體的形態。

枝條上密生的香蕉狀蒴果。

老熟植物體的分枝通常為鮮紫紅色。

卵葉水丁香

Ludwigia ovalis

科別：柳葉菜科

別稱：圓葉水丁香

形態特徵：

一年生挺水或沉水草本，莖匍匐生長。葉互生，廣卵形，長1~2 cm，寬0.8 ~1.5 cm，有柄。花單出，腋生，花瓣退化，雄蕊4枚。蒴果橢圓形，種子卵形。

花期：全年

分佈：北部、東北部及恆春半島的平地至山區

生育環境：溝渠、池塘及湖沼濕地

族群現況：稀有

重要紀事：

台灣產的水丁香屬植物中，體色微紅，又屬於匍匐生活的物種，其中只有卵葉水丁香一種，辨識不成問題。習性屬於兩棲性物種，沉水葉發展良好，主要生活在亞洲北部的溫帶國家，所以台灣的自然分佈侷限在氣候涼爽的中海拔山區，如宜蘭雙連埤、崙埤池、草埤、明池或新竹鴛鴦湖等湖沼環境。

另外像北宜公路沿途、宜蘭冬山的小埤、新竹關西的池塘及恆春半島南仁湖的產地屬於低海拔環境，所以這些產地的族群通常於冬春兩季才出現，夏季則以種子進行休眠。

必須注意的是，產於宜蘭南澳神秘湖的族群，色彩偏向翠綠，植物體明顯粗壯許多，而且為多年生習性，這與一般植物體偏纖細以及一年生習性的紅色族群，兩者確實有形態上的差異。另外我在中國及日本看到的卵葉水丁香族群，也是一般常見的形態，所以神秘湖產的族群確實有異，暫時將它稱為「神秘湖水丁香」。種名*ovalis*為卵形葉片之意。

紅色型的葉片寬卵形。

綠色型的葉片近圓形。

本種的花瓣退化。

綠色型的果實。

神秘湖產綠色族群的挺水與沉水形態展現。

生育在宜蘭崙埤池畔的紅色型族群，為卵葉水丁香正常的形態。

小花水丁香

Ludwigia perennis

科別：柳葉菜科

形態特徵：

一年生挺水草本，高15~40 cm。葉互生，線形，長2~6.5 cm，寬3~9 mm，有柄。花單出，腋生；花瓣4枚，黃色，雄蕊4枚。蒴果長橢圓形，4稜；種子卵形，長0.2 mm，紅色。

花期：全年

分佈：中部以南低平原及金門島

生育環境：水田及季節性濕地

族群現況：不常見

生育於台南官田水田中的族群。

四枚花瓣的小型黃花。

重要紀事：

分佈在台灣的水丁香屬植物當中，有三種成員會開小型黃花，分別是假柳葉菜、細葉水丁香及小花水丁香。雖然小花水丁香的外觀形態近似假柳葉菜，但是假柳葉菜的花瓣為5~6枚，與本種的4枚花瓣相較之下，還容易區別。至於同為 4 枚花瓣的細葉水丁香，擁有圓柱狀果實，與本種四稜型蒴果形態，截然不同。

以生活習性來說，小花水丁香喜愛炎熱潮濕的環境，自然分佈侷限在中南部地區。或許北部難得看到的關係，經常被報導為罕見植物，其實並非如此。雖說族群分佈無法涵蓋整個台灣，但是在嘉義以南的廣大水田裡，生育有龐大的族群數量，如台南柳營、官田、白河及六甲等地便是其集中的產地。

在離島方面，在金門島上看到小花水丁香，它是當地農田裡普遍可見的雜草成員之一，經常與過長沙、矮水竹葉或黑仔莩薺等喜愛沙質土壤生活的濕地植物混生在一起。種名*perennis*為多年生之意，但實際上它為一年生草本。

開花的成熟模樣。

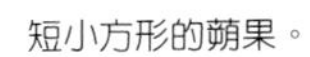

短小方形的蒴果。

葉片的特寫。

台灣水龍
Ludwigia (x) taiwanensis

科別：柳葉菜科

形態特徵：

多年生浮水或挺水草本，莖斜向生長，可上升至30 cm。葉互生，長橢圓形，長3~6 cm，寬1.6~2.5 cm，有柄。花單出，腋生，花瓣5枚，黃色，雄蕊10枚。

花期：全年

分佈：台灣平地至山區

生育環境：溪流旁、水田、池塘及沼澤濕地

族群現況：不常見

重要紀事：

水龍類植物都喜愛浮游在水表上生活，它們的浮水莖容易發展出白色氣囊狀的呼吸根，可以幫助植物體的浮力，又可輔助呼吸，是水生植物特有的營養器官，可見於白花水龍、假柳葉菜及台灣水龍。

台灣水龍為天然雜交植物，據說是水龍(*L. peploides*)與白花水龍授粉後的結晶。但是水龍為溫帶植物，是否分佈在台灣尚待考證。彼此間的最大差異在於台灣水龍的植物體光滑，無種子；而水龍有被毛，且結實正常。當然雜交的母體有可能是水丁香、細葉水丁香或假柳葉菜也說不一定。

不過分佈在北濱公路沿途沼澤及金門、馬祖地區的族群，植物體先端皆密生白毛，而且花朵色彩清淡許多，那是否意味著台灣水龍就是水龍，只是這種植物傳播來台之後，因為氣候的關係導致無法正常授粉結實也說不定。種名*taiwanensis*為台灣之意，〈x〉則代表雜交種的簡稱。

台灣水龍經常蔓延整個水域表面，見於金門島。

花朵鮮黃。

植物體被毛的族群見於宜蘭、台北及金馬地區。

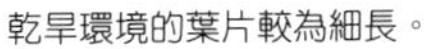

乾旱環境的葉片較為細長。

水龍的外形。

挺水開花的族群。

台灣菱

Trapa bicornis var. taiwanensis

科別：菱角科

別稱：菱角、紅菱、烏菱

形態特徵：

一年生浮葉草本，莖修長，節生根狀的沉水葉。浮水葉菱形，長4~6 cm，寬6~8 cm，背紫紅。花單出，腋生，花瓣4枚，白或淡粉紅色，雄蕊4枚。菱果黑色，長7~8 cm，角2枚，下彎。

花期：7~10月

分佈：全台低平原地區

生育環境：水田或池塘

族群現況：常見

重要紀事：

菱角科植物也是一門難以解決的分類群，成員之間的關係複雜。就像台灣菱這個物種，原始資料顯示果實的長度不足6公分，學名採用 *Trapa taiwanensis*，但是台灣現有普遍栽培的「菱角」，果實卻可達8公分，由此可見兩者絕非同一種植物。

據推測也有可能是早期栽培的菱角確實是真正的台灣菱，過程中發生了某些因緣巧合的天然雜交，而產生了大果型的變異種也說不定，或是經過農民的自行改良，還是當時採集的模式標本，是在果實剛成熟的階段就被製成標本，才導致錯誤的描述，答案很難追根究底。

以我見過十餘種的菱角科植物來看，同屬植物間的變異不斷，中間型頻繁出現，分類十分困難。當今普遍栽培於台南官田一帶的「菱角」，外觀形態確實接近中國原產的紅菱(*T. bicornis*)，所以採用變種學名應該是比較貼切的作法。至於變種名*taiwanensis*為台灣之意。

成長過程中的形態。

密生一起的模樣。

花朵潔白。

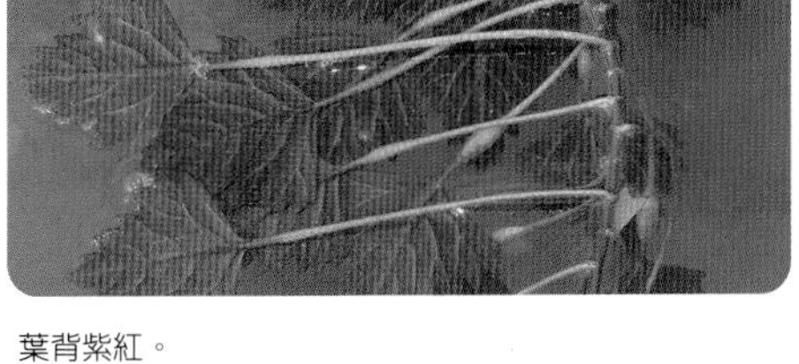

葉背紫紅。

成熟果實紅色。

成熟植株的形態，見於台南官田

小果菱

Trapa incisa

科別：菱角科

別稱：小鬼菱

形態特徵：

一年生浮葉草本，莖修長，節生根狀的沉水葉。浮水葉菱形，長2~2.5 cm，寬2~2.5 cm，背翠綠。花單出，腋生，花瓣4枚，白或淡粉紅色，雄蕊4枚。菱果黑色，長2 cm，角4枚。

花期：6~11月

分佈：東北部山區

生育環境：湖沼濕地

族群現況：可能已絕滅

粉紅帶紫的花朵。

花朵伸出水面綻放。

重要紀事：

以前在雙連埤調查水生植物時，經常可以在澤畔邊拾獲長有四銳角的小型果實，當時並沒有特別加以理會，總以為只是野菱偶發性的變異個體而已。西元2000年春末，再次前往湖畔找尋水生植物時，這才發覺有一種長相與野菱有別的菱角科植物存在，並查閱日本及中國文獻得知，它是台灣新紀錄植物「小果菱」。

從2000年至2003年之間，生長於雙連埤的小果菱族群日漸壯碩，直到隔年在人為嚴重的干擾下，族群瞬間消失，直到2009年春天為止，已經有六年未曾見過野生族群的風采。小果菱的果實袖珍，體長只有2公分大小，為已知最小型的菱角科植物，才有「小果菱」的稱呼。

它的生活史過程快速，夏季會綻放出粉紅色小花，果實脫離母體後，直接沉入底床休眠，直到來年春天才陸續萌芽生長。族群分佈主要見於日本、中國北方及韓國。種名*incisa*為缺刻之意，指的就是葉緣如鋸齒般的形態。

以往產於宜蘭雙連埤的小果菱族群。

小果菱的果實十分小型。

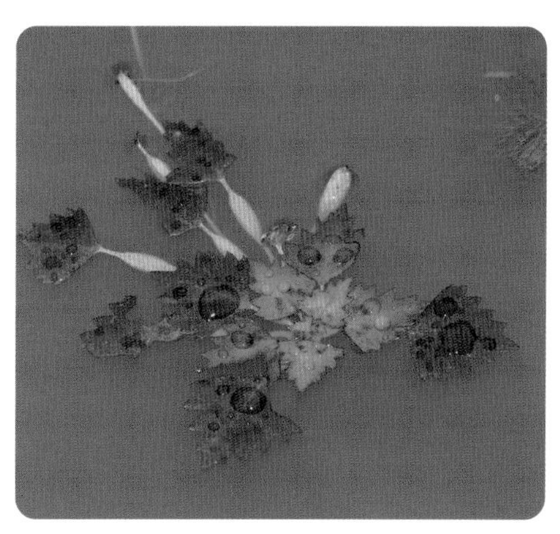

初生的葉片經常帶有紫紅色。

日本浮菱

Trapa natans
var. japonica

日本浮菱的浮水葉菱形，背微紫紅。花單出，腋生，菱果由紅轉黑，角4枚。

科別：菱角科

別稱：浮葉鬼菱

形態特徵：

一年生浮葉草本，莖修長，節生根狀的沉水葉。浮水葉菱形，長3~6 cm，寬4~8 cm，背微紫紅。花單出，腋生，花瓣4枚，白或粉紅，雄蕊4枚。菱果由紅轉黑，長4~6 cm，角4枚。

花期：6~10月

分佈：中部山區

生育環境：湖沼濕地

族群現況：滅絕多年

重要紀事：

這又是一種難以解決的物種，早期分佈於南投日月潭。假如以候鳥遷移路線及先前分佈於日月潭的子午蓮、尖葉眼子菜、芡實及印度莕菜等植物的混生情況來看，的確與日本某些湖沼區的植被生態完全雷同，所以過往於日月潭記錄到的四銳角菱角科植物，應該就是日本浮菱(*T. natans* var. *japonica*)才對。

但是部分專家卻指出，日本浮菱是鬼菱(*T. maximowiczii*)的同種異名植物，個人認為應該是錯誤的推斷。雖然兩者都有紫紅的葉片及果實，但是我在湖北武漢附近找到的鬼菱與日本產的日本浮菱相較之下，果型卻差異頗大。另外於日本也看到一種植物體綠色、四銳角果實的物種，它可能就是真正的浮菱(*T. natans*)。

還有在1998年至2008年的期間，於中國幾個省份發現了具有四銳角，果長在4~6公分之間，與日本浮菱近似的成員，至少有6種之多，身分的處理更加複雜，而這些還不包括我在鄰近國家所發現的許多近似物種。

就如同先前所言，中國或日本境內擁有四銳角的菱角科植物十分多樣，台灣原產者到底是哪一個物種，在標本存留的不足前提下，也只能用大概的方向來判定了。變種名*japonica*為日本之意。

見於武漢市附近湖沼，葉柄、葉背及果實皆帶紫紅的菱角科植物，便是真正的鬼菱。

這種葉柄及葉背皆為綠色，而且擁有銳四角的菱角科植物，同樣見於武漢市附近湖沼的植物，它又屬於哪一種菱科植物呢？

這種產在日本的菱科植物，可能就是浮菱或是另一變種。

四角菱的果實長6~8 cm，為經濟性農作物，引進自中國湖北，目前栽培於台南官田一帶的水田中。

日本菱

Trapa japonica

日本菱的潔白花朵。

科別：菱角科

形態特徵：

一年生浮葉草本，莖修長，節生根狀的沉水葉。浮水葉菱形，長2~5 cm，寬3~8 cm，背綠色。花單出，腋生，花瓣4枚，白，雄蕊4枚。菱果長3~5 cm，角2枚，

花期：7~10月

分佈：中部日月潭

生育環境：湖沼

族群現況：滅絕

重要紀事：

在日本地區，日本菱的分佈相當普遍，假如以候鳥的遷移路線來看，台灣曾經有日本菱的分佈也是理所當然之事。這是一種植物體大型、果實卻相對迷你的物種，最大果長只有5公分，植物體及果實皆為綠色。

不過陪同的日本友人須田真一指出，日本菱在日本地區至少有三個變種的存在。比方千葉縣光町乾草沼的族群在果實的外形呈現上，腫瘤多也特別大型，而岩手縣一關市附近沼池所產的日本菱果實，則偏向於小型化，這些果實大小不一的族群，要如何處理，日本學術界也未有文獻報告可以參考。

至於同樣角兩枚的格菱(*T. pseudoincisa*)，曾被報導產於桃園龍潭，只是過往於龍潭湖見到的菱角族群，皆為宜蘭雙連埤移植過去的「野菱」，台灣是否真有格菱的分佈，這裡持保留態度。種名*japonica*為日本之意。

乾草沼產的成熟果實模樣。

一關市沼池產的成熟果實模樣。

產於湖北省沼池中的格菱，是否分佈在台灣，尚待探討。

格菱的植物體形態，頗近似野菱。

日本菱的野生風采。

野菱

Trapa sp.

葉背紫紅色。

科別：菱角科

形態特徵：

一年生浮葉草本，莖修長，節生根狀的沉水葉。浮水葉菱形，長2~2.5 cm，寬3~4.5 cm，背紫紅。花單出，腋生，花瓣4枚，粉紅色，雄蕊4枚。菱果黑色，長3~4 cm，角2枚。

花期：6~10月

分佈：東北部山區

生育環境：湖沼濕地

族群現況：瀕危

即將脫離的成熟果實。

重要紀事：

分佈在宜蘭雙連埤的野菱，以往學名一直採用 *T. bispinosa var. iinumai* ，現今則被更改為日本菱(*T. japonica*)，是很不妥當的處理。先前於日本群島見過真正的日本菱，它與雙連埤產族群的形態，可說是截然不同的物種，除了植物體與果型大小的差異懸殊外，日本菱全株翠綠，而野菱葉背卻為紫紅色。

在日本的許多文獻，亦將 *T. bispinosa* var. *iinumai* 併在日本菱之下，也就是同種異名，但是見過真正的日本菱之後，相信宜蘭雙連埤產的菱角科植物，應該是獨立的物種才對。

不過很可惜的是，早期佈滿整片雙連埤水域的野菱族群，如今卻因為人為破壞而於2004年消失殆盡，幸好附近的一口小沼池裡還有少量族群的存在。至於崙埤池裡的族群，於2008年夏季前往探視，也發現蓴菜的強勢生長，已經將野菱族群完全覆蓋，僅有邊緣淺水處殘留少數個體。

宜蘭雙連埤附近沼池產的族群。

沉入水中後的果實模樣。

於七月綻放的花朵。

小二仙草
Haloragis micrantha

科別：小二仙草科
別稱：袖花小二仙草
形態特徵：
多年生濕生草本，植物體貼地或上升至20 cm高，莖匍匐蔓延。葉對生，卵形或橢圓形，長5~1 cm，寬4~8 mm，近無柄。圓錐花序頂生，花單性，瓣4枚，線形，紅色，雄蕊8枚。果迷你，近球形。
花期：5~11月
分佈：全台山區
生育環境：濕坡壁、湖畔、山道旁或濕草地
族群現況：常見

重要紀事：
印象中的小二仙草科成員，多為水生或濕地生的小型草本，其實那只是我們狹隘的想法，其中的8個屬別當中亦包含灌木成員，盛產於澳洲，台灣分佈有兩個屬別，分別是小二仙草屬及聚藻屬。

小二仙草屬在台灣僅有小二仙草一種，它的身影廣佈全台山區的濕潤環境，分佈海拔通常在400~3000公尺之間。常見於公路旁潮濕的岩石地或湖邊濕草地中，如台北汐止的族群，經常與小毛氈苔或大葉穀精草混生在一起。宜蘭翠峰湖的族群，就與宜蘭蓼及小葉四葉葎共生一處。

它的圓錐花序乍看下似穗狀，單性花共同聚生在花序上，色彩微紅，種名*micrantha*為小花之意。另一種花序鮮黃的黃花小二仙草(*Haloragis chinensis*)，只分佈在金門島上，喜愛生活於濕沙質環境，主要產於田埔濕地中，屬於稀有植物。

紅色的圓錐花序：上為雄花，雌花位於下方。

對生的葉片。

生育於金門田埔濕地的黃花小二仙草。

黃花小二仙草的花序黃色。

黃花小二仙草平常的生活模樣。

生活在台北汐止公路旁濕坡地的族群。

粉綠狐尾藻

Myriophyllum aquaticum

科別：小二仙草科

別稱：水聚藻

形態特徵：

多年生挺水、浮水或沉水草本，高5~20 cm，莖匍匐蔓延。挺水葉5~7枚輪生；沉水葉朱紅色。花單出，腋生，雌雄異株。

花期：3~4月

分佈：全台平地至山區

生育環境：水田、溝渠、池塘或沼澤地

族群現況：普遍歸化

重要紀事：

水生植物能夠橫跨園藝造景及水族觀賞之間的優良品種並不多見，然而粉綠狐尾藻便是其中的傑出份子。這種來自中南美洲的濕地植物，擁有多棲性適應環境的能耐，植物體可以忍受乾旱，也能漫遊水面，更可沉浸水中蔓延，不但喜愛靜水環境，沉水葉也無懼水流的衝擊，對冰雪環境視若無睹，更愛高溫氣候，生命力之旺盛，絕少有同類植物與之抗衡，難怪芳蹤散佈全世界。

因為生命的強盛，導致近十年來族群也快速蔓延到台灣的各種水域，成為布袋蓮、大萍及水蘊草之後，難以控制的水生物種。不過話說回來，粉綠狐尾藻確實是一種美麗的植物，水上葉草綠，並附著一層蠟質，沉水葉則轉換成橙紅色彩，差異懸殊。

它的花序雌雄異株，至目前為止，只有觀察過雌花，不知為何無法開出雄花，這與水蘊草只見雄花的情況有所差異。花集中於春季，並以宜蘭、台北、南投、高雄、屏東及花東地區最為常見。種名*aquaticum*為水生之意，形容其兩棲性的生活。

橘紅沉水葉轉換水上葉的生態過程，色彩差異大。

春季開花的植物體形態。

歸化於蘭陽平原溝渠環境的族群。

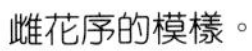

雌花序的模樣。

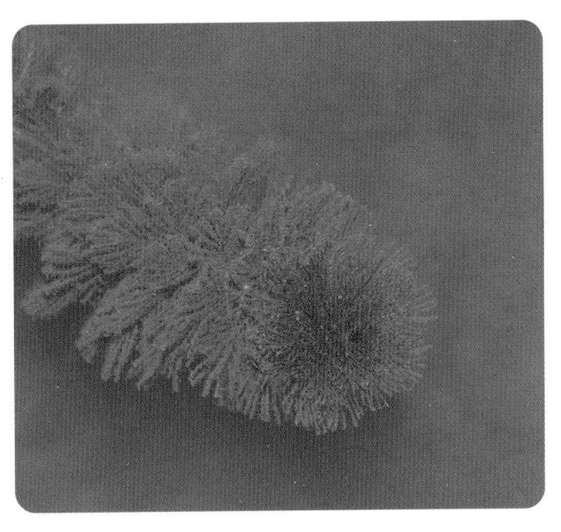

橙紅色的沉水葉。

聚藻

Myriophyllum spicatum

科別：小二仙草科

別稱：穗花狐尾藻

形態特徵：

多年生沉水或挺水草本，挺水植株矮小。沉水葉絲狀分裂。穗狀花序頂生，單性花，雄花位於上方，雄蕊8枚。

花期：5~11月

分佈：全台的低平原

生育環境：溝渠、池塘、水田或沼澤地

族群現況：不常見

花序的模樣。

雄花位於上方，下方圓球狀為雌花。

重要紀事：

幾乎所有的聚藻屬植物，皆有挺水葉及沉水葉兩種不同葉片的形態變化，它們都是真正的兩棲性植物，聚藻亦同。它的一生，喜愛生活在流水環境，總被誤認為屬於典型的沉水植物，其實到了枯水季節，一樣會長出深綠色的小型挺水葉。

所有的聚藻屬植物皆為單性花群，有時花序上只出現單一的雄花或雌花，也有機會見到雌雄同株的花序，本種的生態比較偏向後者。因為聚藻開花的時候，都是挺水綻放，所以下水觀察時必須特別小心。

目前聚藻最大的族群見於蘭陽平原，如冬山河流域、蘭陽溪出海口的沼澤地及沿海的廢魚池等環境，蔓延著龐大族群數量。種名*spicatum*為穗狀花序之意。

生長於流水溝渠中的沉水族群，見於宜蘭冬山。

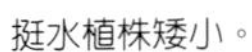

挺水植株矮小。

由沉水轉換成挺水的形態過程。

烏蘇里聚藻

Myriophyllum ussuriense

科別：小二仙草科

形態特徵：

多年生挺水或沉水草本，高5~15 cm。挺水葉輪生，羽狀複葉；沉水葉紅色。花單性，雌雄異株或同株，雄蕊8枚。核果微方形，褐色。

花期：全年

分佈：桃園及新竹的丘陵地

生育環境：池塘性濕地

族群現況：可能已滅絕

重要紀事：

聚藻屬的植物廣佈全球，約有60種，以澳洲最為多產，約記錄了30餘種，其中半數以上為特有種。台灣原生三種，一種歸化；其中的雙室聚藻及本種，都已在野外滅絕。

烏蘇里聚藻盛產於亞洲北方，喜愛在冰冷水域生活，屬於典型的溫帶植物，族群能夠存活於台灣，得來不易。原先自生於桃竹境內的少數沼池中，產地如新竹關西、桃園龍潭及楊梅等地，並與台灣萍蓬草、水杉菜、桃園石龍尾、針葉燈心草、澳古茨藻、龍潭荇菜、三葉石龍尾及澤番椒，組成了桃竹沼池特殊的水生植被景觀。可惜這種罕見植物的命脈只維持到1997年，族群便全面消失，殊為可惜。

台灣產的烏蘇里聚藻，可以抵抗高溫，生命力也十分旺盛，是一種小巧且討人喜愛的水生植物。它的花單性，通常雄花先行綻放，雌花才盛開。沉水葉紅色，花期過後的水上葉陸續枯萎，短暫的休眠後，馬上又恢復盎然的生命力。種名*ussuriense*為烏蘇里之意，位於中國黑龍江省境內。

於冬季群花綻放的景緻。

雄花展放的英姿。

以往群生於桃園楊梅三湖里水塘中的族群，於1997年完全滅絕消失。

已結實的雌花序。

水下的紅色沉水葉，與挺水開花的葉片形態截然不同。

雙室聚藻

Myriophyllum dicoccum

雙室聚藻的挺水葉互生，線形，沉水葉細絲狀，輪生。

科別：小二仙草科

別稱：雙室狐尾藻

形態特徵：

多年生挺水或沉水草本，高5~15 cm。挺水葉互生，線形，長1~1.6 cm，寬1~1.5 mm；沉水葉細絲狀，輪生。花單性，雌雄異株或同株。

花期：5~7月

分佈：台北內湖

生育環境：池塘性濕地

族群現況：滅絕

重要紀事：

雙室聚藻是一種長相近似烏蘇里聚藻的植物，如果沒有仔細端詳檢視標本的話，容易造成鑑定上的錯誤，所以於1939年8月26日採獲的雙室聚藻，一直採用烏蘇里聚藻的學名，直到1996年才由李振宇先生發表為新紀錄種。

它的水上葉線形，短齒緣，不像烏蘇里聚藻那樣深裂成羽狀形態。水下葉片發展成絲狀，頗類似澳洲出產的類狐聚藻(*M. simulans*)。植物體略大型於烏蘇里聚藻。

種名*dicoccum*為二漿果之意，指的就是雌花的雙室子房。

位處於台北市的內湖水域，怎麼看都是死潭一座，很難相信會有稀有水生植物的分佈。不過將場景回歸到日據時代，這處幽靜的湖沼區是候鳥的重要棲息地，進而傳播為數豐富的水生植物繁衍於此，如數種菱科植物、膜稃草、大偽針茅、日本簣藻、五蕊節節菜及雙室聚藻等。如今則發展成為都會區，各種外來水生植物、魚類與兩棲爬蟲丟棄匯集的重要地點。

這份僅有的標本，由正宗嚴敬先生採獲。

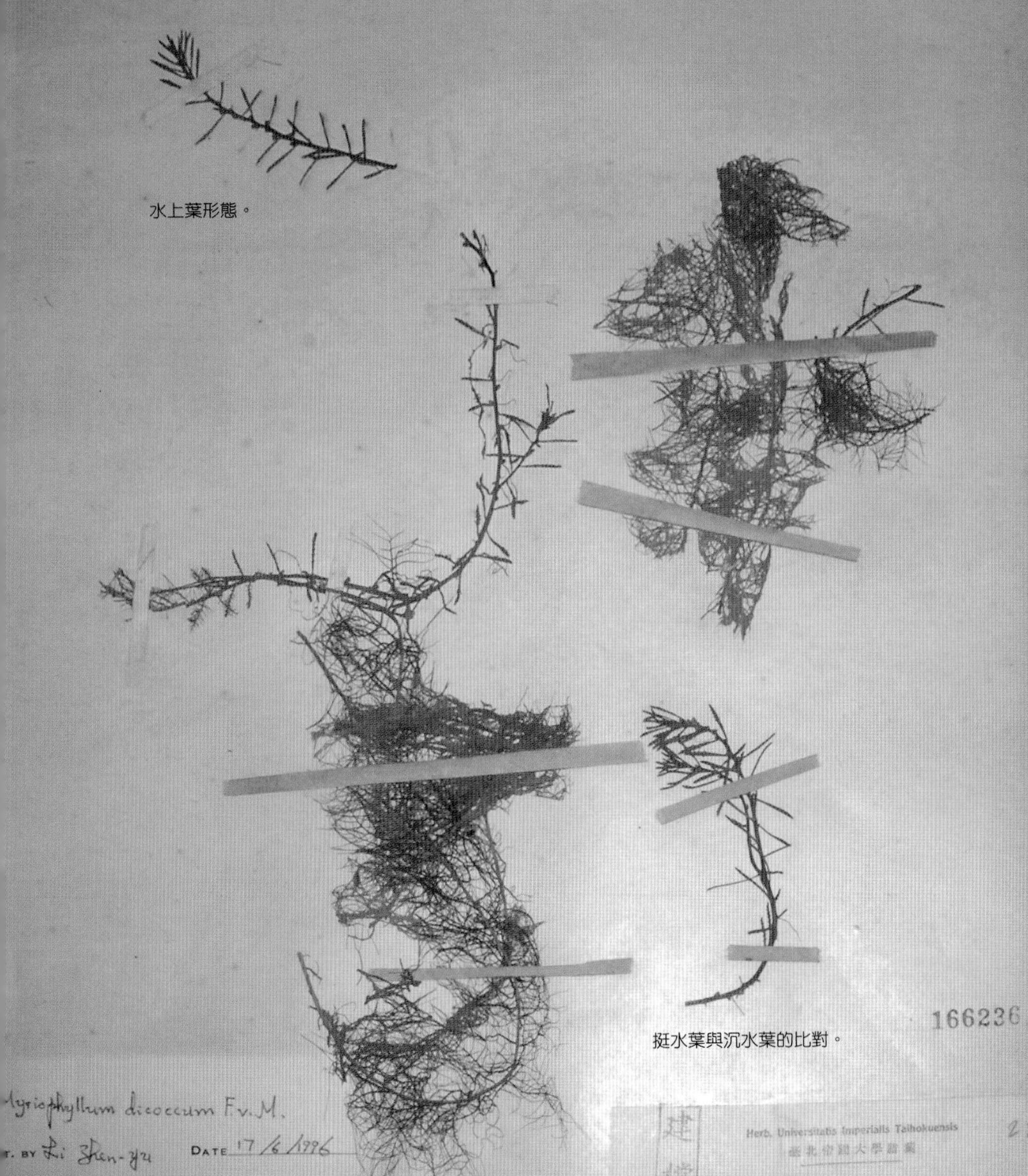

水上葉形態。

挺水葉與沉水葉的比對。

白頭天胡荽

Hydrocotyle leucocephala

科別：繖形花科

形態特徵：

多年生浮水或挺水草本，莖匍匐性。葉近心形，長3~5 cm，寬3~8 cm，有長柄。繖形花序似頭狀，頂生；花瓣5枚，白色，雄蕊5枚。離果扁圓形，白色。

花期：全年

分佈：全台平地至山區

生育環境：溪流或河道

族群現況：局部歸化

重要紀事：

白頭天胡荽原產於南美洲的亞馬遜河流域，為水族市場流行的觀賞水草，商品名稱為「香香草」。它可以生活在陸地，也能夠匍匐平貼水表，沉水葉的發展良好，適應能力強悍。目前普遍歸化在屏東、宜蘭、南投、彰化及花蓮地區。種名*leucocephala*為白頭之意，描述的是花序的模樣。

另一種園藝市場十分搶手的繖形天胡荽(*H. umbellate*)，也已普遍溢出。這裡必須提出警告，繖形天胡荽的侵略性十分驚人。幾年前友人贈與幾株繖形天胡荽，看它如此嬌小可愛，隨意種植在庭園後方的水澤邊，一年後變成了可怕惡夢。族群繁殖快速，地下走莖深藏在泥土裡，難以清除，是一種破壞力十足的物種，栽培者宜多加注意。

其他引進觀賞的繖形花科水草，還有同屬中的毛莨天胡荽(*H. ranunculoides*)、普通天胡荽(*H. vulgaris*)及擬百合草屬的巴西擬百合草(*Lilaeopsis brasiliensis*)、卡羅里納擬百合草(*L. carolinensis*)及多花擬百合草(*L. polyantha*)等。

屏東五溝水地區的歸化族群，游走在水表上生活。

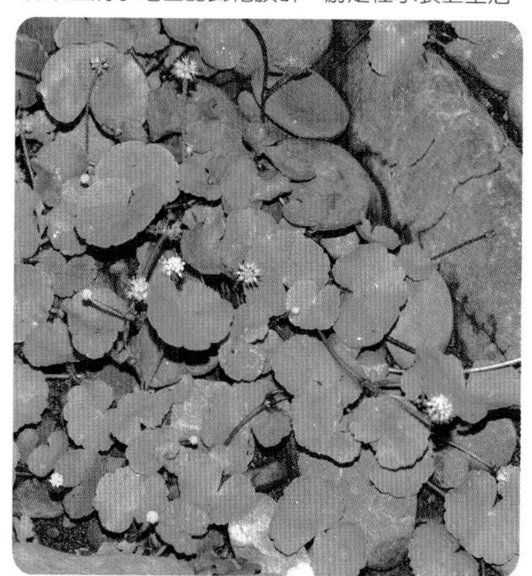

挺水形態相對小型許多。

沉水族群的模樣。

白色小花。

聚生的果實。

繖形天胡荽的叢生族群，見於屏東佳平溪流域。

繖形天胡荽的花朵與果實。

天胡荽

Hydrocotyle sibthorpioides

科別：繖形花科

形態特徵：

多年生草本，植物體貼地生長，具走莖。葉闊圓，直徑約1 cm，邊緣5~7裂，有長柄。繖形花序聚生成頭狀，腋生花淡黃或白色，果扁球狀，長0.8 cm

花期：全年

分佈：全台平地至山區

生育環境：菜圃、牆角邊、花壇、田埂或溪流淺水處

族群現況：常見

重要紀事：

原生台灣的天胡荽屬植物計有7種，真正親水的成員就只有天胡荽一種。除了常見於陸地陰涼環境外，也經常出現在溝渠或溪流處的流水中沉浸生活。

至於同屬中的台灣天胡荽（*H. batrachium*)或毛天胡荽(*H. dichondroides*)，也曾被報導為濕地植物，但個人認為它們的親水程度並非那麼強烈，無法列入水生成員。另外，雷公根屬的雷公根(*Centella asiatica*)，偶爾也會浸泡水中生活，但僅為臨時性，非典型的濕地植物，也不在書中特別討論。

一般來說，要觀察天胡荽的沉水族群，以冬春兩季較為容易，尤其在湧泉豐富的流水溝渠中，不難見到族群與石龍尾或盤腺蓼等兩棲性物種混生在一起的景緻。

生活於竹林下的族群，見於宜蘭。

本種的花朵十分微小。

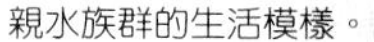

親水族群的生活模樣。

花序上的果實。

湧泉區生活的沉水身影。

水芹菜

Oenanthe javanica

科別：繖形花科
別稱：爪哇水芹菜
形態特徵：

多年生挺水草本，莖匍匐性，具條紋或 3~5稜。羽狀複葉變化多端，有長柄。繖形花序頂生；花瓣5枚，白色，雄蕊5枚。離果長橢圓形，黃綠色長3 mm

花期：4~12月
分佈：全台平地至山區
生育環境：水田、溝邊、池塘、湖沼及水濕環境
族群現況：常見

重要紀事：

以前曾經在梨山待過幾年的時間，並結交幾位泰雅族朋友，他們經常採擷野菜食用，其中也包含了豆瓣菜、焊菜及水芹菜等水生植物。之後才明白，水芹菜具有食用價值，煮湯或熱炒都相當美味爽口。

水芹菜的分佈甚廣，蹤影遍及台灣各地的水濕環境。它的莖節經常被描述具有條紋、光滑，其實在同一族群裡，隨季節的輪替是會產生變化的，也經常出現銳稜莖的族群，也就是後來被認為是新物種的「翼莖水芹菜」(*Oenanthe pterocaulon*)，其實只是族群內的變異而已，就如同早苗蓼或圓葉節節菜的形態變化一樣。

在中國及日本地區，近似物種多達十餘種成員，難以分類。還好台灣的水芹菜屬植物，就只有水芹菜一種，不至於發生鑑定上的困擾。種名*javanica*為爪哇之意，指印尼的島嶼。

葉形的變化之一。

葉形的變化之二。

平展的白色繖形花序。

以往有稜的莖，又被稱為「翼莖水芹菜」。

一粒粒成熟的果實。

生育在宜蘭員山水田邊的族群。

澤芹

Sium suave

科別：繖形花科

別稱：香甜澤芹、細葉零餘子

形態特徵：

多年生挺水草本，莖直立，高50~120 cm，有稜。葉羽狀複葉，小葉披針形，有柄。繖形花序頂生；花瓣5枚，白色，雄蕊5枚。離果半圓球形，深綠色，長1.6 mm。

花期：6~10月

分佈：台中及彰化的平地至低山區

生育環境：濕水田及沼澤地

族群現況：可能已滅絕

重要紀事：

澤芹屬植物主要見於北半球的溫帶國家，南非、紐西蘭及澳洲都有分佈，大約有十餘種成員，台灣僅有澤芹一種的紀錄。中國及日本方面，還分佈有闊葉澤芹(*S. latifolium*)、中亞澤芹(*S. medium*)及烏蘇里澤芹(*S. tenue*)。

澤芹的生態屬於多年生物種，花期結束後，植物體相繼枯萎，但淺藏泥土裡的根莖，隨後又會重新生長，年輕植物體的沉水狀況良好，是一種兼具藥用及觀賞價值的稀有植物。

台灣的分佈見於台中清水、梧棲、龍井連接彰化大肚山一帶的山丘邊緣水澤地，以往有少量發現。多年來，原始產地的環境變更，族群可能就此在野外滅絕。種名*suave*為香甜之意，描述其優美的外表及具有香氣的植物體。

喜愛生活在水澤邊的澤芹族群。

繖形花序由無數白花組成。

花序上的成熟果實。

小葉披針形。

開花季節的植物體形態。

桐花樹

Aegiceras corniculatum

科別：紫金牛科

別稱：蠟燭果

形態特徵：

常綠灌木或小喬木，葉互生，倒卵形或橢圓形，長4~8 cm，寬3~4.5 cm，有柄。繖形花序枝頂生，花冠白色，5裂，卵形，雄蕊5枚。蒴果弦月狀彎曲。

花期：5~8月

分佈：小金門

生育環境：海岸鹹水湖

族群現況：瀕危

重要紀事：

知道桐花樹的分佈消息，是由金門友人陳西村先生的告知，才有緣一睹野生風采，族群就分佈在小金門沿海的鹹水湖之中。根據陳大哥的說明，先前的桐花樹群落還保持著數十棵的數量，後來因為工程建設的關係，導致生育在溝岸邊及湖畔周圍的族群全數消失，所幸湖中還存留一株，命脈才得以延續。

桐花樹為蠟燭果屬的成員份子，世界產有2~3種，主要分佈在熱帶東南亞，是知名的紅樹林植物之一。中國見於福建以南至海南島一帶的河口區，族群數量還算普遍。

它的花朵美麗，成簇綻放於春夏交替的日子。果實則於夏末陸續成熟，長相頗似象牙或弦月般彎曲，十分特別。種名*corniculatum*為小角狀之意，描述的便是弦月模樣彎曲的蒴果。

潔白的花朵。

將要綻放花朵的模樣。

台灣碩果僅存的桐花樹，就生活在小金門的鹹水湖泊中。

弦月狀彎曲的蒴果。

平常葉片的形態。

星宿菜

Lysimachia fortunei

開花前的生活形態。

科別：報春花科

形態特徵：

多年生挺水草本，莖直立，高25~60 cm，具匍匐蔓延地下莖。葉橢圓形或披針形，長3~7 cm近無柄。總狀花序頂生；花瓣5枚，白色，雄蕊5枚。

花期：5~10月

分佈：全台平地至山區

生育環境：林緣溼處、溝邊、池畔或水澤地

族群現況：不常見

重要紀事：

報春花科植物有許多知名的物種，如水族市場中的暢銷水草：錢幣珍珠菜(*L. nummularia*)、沼澤石龍尾(*Hottonia palustris*)、水繁縷(*Samolus valerandi*)及園藝觀賞的黃蓮花(*L.vulgaris*)與日本櫻草(*Primula japonica*)等。這些物種多分佈在北溫帶國家，台灣只有星宿菜及玉山櫻草，勉強算是濕地生成員。

星宿菜的分佈，主要見於中部以北及東北部的丘陵地或山區，恆春半島亦有紀錄，屬於廣泛分佈，卻又不怎麼常見的物種。族群通常生活在林緣邊的水濕環境，能夠綻放成串潔白的美麗花朵，算是出色的野生植物。

不過它的植物體下部雖然偶爾能夠浸泡水中生活，葉片卻無法發展出真正的沉水葉。平常多以地下走莖蔓延族群，非繁殖季期的植物體矮小，觀察時需特別注意。種名*fortunei*為姓氏名稱。

筆直的花序。

潔白帶紫暈的花朵。

成熟中的果實。

這是新發現的族群，幼葉較為奇特，有可能是另一種植物也說不定。

見於台北雙溪澤地中的初夏開花族群。

玉山櫻草

Primula miyabeana

科別：報春花科

形態特徵：

一年生挺水草本，葉叢生，長倒卵形，長10~25cm，齒緣。花5~10朵聚生於先端，柄通常彎曲；花冠6~7裂，紫紅與白色。

花期：6~9月

分佈：全台2500公尺以上高山

生育環境：草坡濕處或流水溝邊

族群現況：常見

重要紀事：

櫻草屬植物又被稱為「報春花」，那是因為這一類植物只分佈在高緯度國家或冬季冰寒的高山地帶，每當它們綻放花朵的季節，便是春暖大地的開始，也因此而得名。

在鄰近的中國以及日本地區分佈有豐富的種類，有半數以上屬於濕地生成員，知名者如日本櫻草(*P. japonica*)、海仙報春花(*P. poissonii*)、滇海水仙花(*P. pseudodenticulata*)及錫金報春花(*P. sikkimensis*)等。

台灣只有一種報春花，那就是玉山櫻草，幾乎沒有文獻提及它的濕生習性。但是只要稍加注意，玉山櫻草出現的地點通常為谷地有流水的溝邊或濕潤的草生地環境，因此才將它列為濕地植物看待。

只是想要觀察玉山櫻草並不是那麼容易，畢竟它是一種高山植物，感覺好像要背負重裝備登山，才有機緣與之會晤，其實在合歡山區就非常容易看到，同時這裡也是白花族群的產地。

生活在流水溝邊的族群。

白花族群見於合歡山區。

白色花朵的模樣。

白色花朵的側面。

紫紅花朵的模樣。

紫紅花朵的側面。

花序上的果實。

叢生的葉片模樣。

光巾草

Mitrasacme indica

科別：馬錢科

別稱：印度光巾草、姬苗、尖帽草

形態特徵：

一年生濕生草本，高5~12 cm。葉對生，披針形，長3~8 mm，寬2~3 mm。單生花，花冠白色，4裂，有柄。蒴果橢圓形，長1.5~2 mm。種子橢圓形，長0.2 mm，表面蜂窩狀，黑色。

花期：5~10月

分佈：新竹沿海丘陵及金門島

生育環境：黃或白沙質濕地及水田

族群現況：瀕危

重要紀事：

馬錢科植物幾乎沒有什麼出色的成員，一般植物愛好者對於它們的認識應該相當陌生。要不是有光巾草屬植物的存在，筆者可能連馬錢科是什麼，都不是那麼清楚。

台灣分佈了兩種光巾草屬植物，分別是矮形光巾草及光巾草，它們皆為濕地生成員。不過就形態來說，並無特別顯眼之處，而且過往的採集紀錄甚少，三十年來的可靠產地僅有新竹蓮花寺濕地一處。不過短暫發現後，族群於2000年夏季，又隨颱風的土石流影響再次消失。

還好這種罕見的濕地植物在金門島上保存數個產地，並多與菲律賓穀精草、硬葉蔥草、寬葉毛氈苔、長葉毛膏菜或蔥草等稀有植物混生在一起。種名*indica*為印度之意。

光巾草是一種小型的濕地生植物。

四裂狀的白色花冠。

已經結實的光巾草族群。

金門後壠濕地的生育現場景緻。

族群喜愛生活於濕沙質環境。

矮形光巾草

Mitrasacme pygmaea

成長中的植物體形態。

筒狀的白花。

科別：馬錢科

別稱：小姬苗、多形姬苗

形態特徵：

一年生濕生草本，高5~10 cm。葉對生，長橢圓形，長5~1.5 cm，寬3~7 mm。花2~4朵聚生於序軸先端，花冠筒狀，白色，有長柄。

花期：6~10月

分佈：新竹之沿海山丘及金門島

生育環境：向陽濕地

族群現況：瀕危

重要紀事：

時光回溯到 1998 年秋季，當時在自家後院栽培黃眼草與寬葉毛氈苔的區塊裡，首先見到矮形光巾草的身影。後來查閱日本文獻，知道它為陽性開闊濕地的植物，而台灣文獻則不曾提過任何有關濕地生的描述。

也因為兩方文獻的敘述不一，再加上它生長的泥土是向工程單位要來的，只知道是新竹尚義里出產，真正的分佈地點無法明確知道。加上其貌不揚的長相，也就沒有多加理會。

直到2007年前往海南島全面調查植物生態，發現矮形光巾草普遍見於濕地環境中。隔年6月，前往金門大武山觀察金門水韭時，又在附近臨時聚水的岩層凹地，見到矮形光巾草的族群與寬葉毛氈苔、薄葉泥花草及疏穗飄拂草混生在一起，才確定它的濕生習性。

種名*pygmaea*為矮小之意，指植物體明顯矮小化。

與寬葉毛氈苔伴生一起的族群，見於金門島上。

花序的模樣。

叢生開花的模樣。

黃花莕菜

Nymphoides aurantiacum

黃花莕菜具蔓延長莖。葉卵形至圓形，花冠黃至橙紅。

科別：睡菜科

形態特徵：

多年生浮葉草本，具蔓延長莖。葉卵形至圓形，長2.2~5.2 cm，寬2~4.7 cm，柄長1.5~6.5 cm。花冠黃至橙紅，2~4朵，雄蕊5枚。

花期：不詳　**分佈**：宜蘭　**生育環境**：池塘　**族群現況**：瀕危

重要紀事：

台灣是否分佈著開黃色花朵的莕菜屬植物，長久以來一直處於不明確的狀態。據說日據時代曾於宜蘭大溪採獲過一種綻放黃色花朵的莕菜屬植物，學名採用*N.aurantiacum*。但是查閱國外的可靠文獻得知，黃花莕菜只分佈在印度與斯里蘭卡，是一種懼寒的熱帶植物，而且非常稀有，加上其他熱帶東南亞國家及中國大陸皆無分佈，以地緣性來看，黃花莕菜應該不可能分佈台灣才對。

整合熱帶東南亞、澳洲與紐西蘭文獻資料來看，開黃色花朵的莕菜屬植物有近十種，與黃花莕菜一樣具有蔓延莖又適合宜蘭氣候生活的物種，大致有澳洲、紐西蘭產的小刺莕菜(*N. spinulosperma*)、鈍齒莕菜(*N. crenata*)、雙花莕菜(*N. geminate*)與日本、中國廣泛分佈的莕菜(*N. peltata*)；但是就候鳥遷移路線來說，莕菜最有可能分佈在台灣，只是過往至今又無任何的採集紀錄，結論還是一頭霧水。

2003年至2008年之間，兩度前往斯里蘭卡，在西南部原始產地的Kalutara及Colombo附近沼澤找尋，卻不曾發現任何蹤影。斯里蘭卡一些植物愛好友人也表示，黃花莕菜是非常稀有的植物，數十年未見，想要找到並不是那麼容易。還好手邊尚有學者發表的印度區產莕菜屬植物的論文，裡面有黃花莕菜的手繪圖可供參考。

種名*aurantiacum*為橙黃色之意，描述的是花冠的色彩。

小刺莕菜和黃花莕菜一樣開黃花，分佈於澳洲和紐西蘭。

戟葉莕菜(*N. hastate*)分佈於泰國，民間稱呼為「黃花莕菜」。

這是中國湖北省產的莕菜，花色橙紅。

中國雲南高地產的這種莕菜，花色淡黃。

小莕菜

Nymphoides coreana

科別：睡菜科

別稱：朝鮮莕菜

形態特徵：

多年生浮葉草本。葉心形，長2~8 cm，寬3~6 cm，柄修長。花冠白色，雄蕊5枚。蒴果長橢圓形，長5 mm，種子橢圓形，長1.3 mm。

花期：全年

分佈：北部、東北部及恆春半島

生育環境：池塘、水田或湖沼

族群現況：稀有

小莕菜的花朵潔白可愛。

挺水的身影。

重要紀事：

莕菜屬植物原先歸類在龍膽科植物中，爾後才獨立出來，併入睡菜科之中。台灣產的小莕菜分佈有些奇特，族群見於宜蘭、台北、桃園、新竹及屏東地區，間隔的其他縣市及花東縱谷則無任何的採集紀錄。宜蘭蘇澳的族群，生長在湧泉沼澤中。鄰近的台北，可在貢寮鄉的沿海水田尋獲，陽明山國家公園的夢幻湖也有分佈。桃竹台地的沼池，是小莕菜盛產的區域，不過近幾年來族群急速縮小，尚在龍潭、楊梅、湖口及關西一帶繁衍。至於南端的恆春半島，見於南仁湖沼澤區及風吹鼻的草原水池裡。

家族的特性上，小莕菜屬於浮葉成員，生活方式隨性，也經常以挺水形態出現，其他同屬成員的習性亦同。至於蘭嶼產的小莕菜族群，有別於台灣的族群，將個別獨立介紹。種名*coreana*為朝鮮之意，因模式標本採獲於朝鮮半島，也就是現今的韓國。

台北貢寮的水田環境，生育有龐大族群。

密生一起的模樣。

果實裡擁有數枚大型種子。

冠瓣莕菜

Nymphoides cristata

科別：睡菜科

別稱：水皮蓮、銀蓮花、捲瓣莕菜

形態特徵：

多年生浮葉草本。葉心形，長4~8 cm，寬3~6cm，柄修長。花冠白色，雄蕊5枚。蒴果長橢圓形，長5 mm，種子圓形，表面粗糙。

花期：全年

分佈：屏東萬巒

生育環境：溝渠或溪流

族群現況：可能滅絕

重要紀事：

冠瓣莕菜是否分佈在台灣，充滿了難解的謎團。不過在2005年以前，屏東五溝水的佳平溪流域確實有其族群的存在，它就是擁有漂亮沉水葉，流傳水族市場的著名觀賞水草「大香菇草」。然而十幾年來，曾經一度大量蔓延整條佳平溪流域的族群，目前卻消失無蹤，原因為何難以追究。種名*cristata*便是雞冠之意，描述的是花冠的模樣。

冠瓣莕菜與龍骨瓣莕菜經常被混為一談，兩者的花朵都有龍骨瓣的特徵，光看乾燥的標本，難以區隔。假如見過兩者的活體，就能輕易區別。基本上，冠瓣莕菜的葉片擁有漂亮彩紋，短於8公分，種子表皮粗糙。龍骨瓣莕菜的葉表無紋或邊緣圈紫紋，長達12公分，種子表皮多刺。不過東南亞產的冠瓣莕菜類群實在豐富，就如同印度莕菜或龍骨瓣莕菜一樣，分類實在困難重重。

另外我在海南島見到的冠瓣莕菜，與台灣產的還是有所差異，葉片的彩紋不是那麼明顯，花朵形態則雷同，也是難得一見而且充滿謎團的物種。

群體盛開花朵的模樣。

花朵近似龍骨瓣莕菜。

上圖：冠瓣莕菜的葉表色彩豐富。

右頁下圖：以往佳平溪流域生育有龐大的族群數量，如今全數消失。

海南島產族群的花朵。

海南島產的族群葉片彩紋不是那麼鮮明。

沉水葉的發展良好。

中文索引

《九劃》

《十劃》

《十一劃》

《十二劃》

《十三劃》

《十四劃》

《十五劃以上》

學名索引

台灣水生與濕地植物生態大圖鑑（上）

A Field Guide To Aquatic & Wetland Plants of Taiwan(vol.1) 水生蕨類與雙子葉植物

◎出版者／遠見天下文化出版股份有限公司

◎創辦人／高希均、王力行

◎遠見・天下文化・事業群 董事長／高希均

◎事業群發行人／CEO／王力行

◎版權部經理／張紫蘭

◎法律顧問／理律法律事務所陳長文律師

◎著作權顧問／魏啓翔律師

◎社址／台北市104松江路93巷1號2樓

◎讀者服務專線／（02）2662-0012 傳真／（02）2662-0007；2662-0009

◎電子信箱／cwpc@cwgv.com.tw

◎直接郵撥帳號／1326703-6號 天下遠見出版股份有限公司

◎作　者／林春吉

◎編輯製作／大樹文化事業股份有限公司

◎植物繪圖／林麗瓊・陳士鉅

◎網　址／http://www.bigtrees.com.tw

◎總 編 輯／張蕙芬

◎美術設計／黃一峰

◎製 版 廠／黃立彩印工作室

◎印 刷 廠／立龍彩色印刷股份有限公司

◎裝 訂 廠／精益裝訂股份有限公司

◎登 記 證／局版台業字第2517號

◎總 經 銷／大和書報圖書股份有限公司　　電話／（02）8990-2588

◎出版日期／2009年 8 月24日第一版
2014年 1 月30日第一版第3次印行

◎ISBN:978-986-216-396-2

◎書　號：BT1026　　◎定　價／650元

國家圖書館出版品預行編目資料

臺灣水生與濕地植物生態大圖鑑 = A field guide to aquatic & wetland plants of Taiwan / 林春吉著.
— 第一版. — 臺北市 : 天下遠見, 2009.08
冊 ; 公分. — (大樹經典自然圖鑑系列; 26-28)
含索引

ISBN 978-986-216-396-2(上冊 : 精裝).
ISBN 978-986-216-397-9(中冊 : 精裝).
ISBN 978-986-216-398-6(下冊 : 精裝).

1. 水生植物 2. 濕地 3. 植物圖鑑

374.4025　　98014055

BOOKZONE 天下文化書坊　http://www.bookzone.com.tw

A Field Guide To Aquatic & Wetland Plants of Taiwan(Vol.1)